高职高专院校机械设计制造类专业"十四五"系列教材

机械制图与CAD

JIXIE ZHITU YU CAD

主　编◎马海彦　杜海军

副主编◎李小曼　张志云

参　编◎卢　静　刘芳芳　张亮亮　胡　蕾

华中科技大学出版社

http://press.hust.edu.cn

中国·武汉

内 容 简 介

本书根据《高职高专工程制图课程教学基本要求(机械类专业)》编写,主要内容包括:制图基本知识与技能、投影基础、立体的投影、轴测图、组合体、机件的表达方法、标准件和常用件、零件图、装配图等。

本书既可以作为高职高专及成人教育机械类、近机械类各专业机械制图课程的通用教材,也可以作为制图员职业技能鉴定统一考试的培训教材,同时可供相关工程技术人员参考。

图书在版编目(CIP)数据

机械制图与CAD / 马海彦,杜海军主编. -- 武汉 : 华中科技大学出版社,2024.8. -- ISBN 978-7-5772-1248-7

Ⅰ. TH126

中国国家版本馆 CIP 数据核字第 2024CQ1481 号

机械制图与CAD
Jixie Zhitu yu CAD

马海彦　杜海军　主编

策划编辑:张　毅
责任编辑:张　毅
封面设计:王　琛
责任监印:朱　玢
出版发行:华中科技大学出版社(中国·武汉)　　电话:(027)81321913
　　　　　武汉市东湖新技术开发区华工科技园　　邮编:430223
录　　排:武汉市洪山区佳年华文印部
印　　刷:武汉科源印刷设计有限公司
开　　本:787mm×1092mm　1/16
印　　张:15.5
字　　数:375千字
版　　次:2024年8月第1版第1次印刷
定　　价:52.80元

教育、科技、人才是全面建设社会主义现代化国家的基础性、战略性支撑。必须坚持科技是第一生产力、人才是第一资源、创新是第一动力,深入实施科教兴国战略、人才强国战略、创新驱动发展战略,开辟发展新领域新赛道,不断塑造发展新动能新优势。这对机械制图相关技术人员提出了更高的要求。

本书根据教育部制定的《高职高专工程制图课程教学基本要求(机械类专业)》编写,采用"项目引导、任务驱动、案例教学"模式,以"必需、够用"为度,以讲清概念、强化应用为重点,使学生能正确地识读和绘制机械零件图以及中等复杂程度的装配图。教材内容既结合专业需要,又力求结合生产实际,并做到文字精练,语言通俗易懂,图例实用,所述知识点能够恰到好处地满足当前机械类、近机械类等专业学生的需求。

本书的主要特点如下:

第一,本书所有标准全部采用国家最新颁布的《技术制图》《机械制图》标准。

第二,本书通过项目构建来培养学生的制图和识图能力,每个项目按照行动导向原则分解为若干个任务,同时选用真实机械零件为经典案例,做到融"教、学、做、练"于一体。

第三,本书以真实工作过程为导向重组学习内容,使学生能正确地识读和绘制机械零件图以及中等复杂程度的装配图。

第四,本书强调应用性,体现工具性,突出先进性。

本书由陕西机电职业技术学院马海彦和湖北工业职业技术学院杜海军担任主编,陕西机电职业技术学院李小曼和西安风标电子科技有限公司张志云担任副主编,陕西机电职业技术学院卢静、刘芳芳、张亮亮、胡蕾参编。

本书的出版,得到了编者所在院校和华中科技大学出版社的大力支持,并参考了国内外先进教材的编写经验,在此一并表示衷心感谢!

与本书配套的《机械制图与 CAD 习题集》同时出版,使用本书的教师可向主编索取配套电子教案。

由于编者水平有限,书中不妥之处在所难免,敬请广大师生批评指正。

编　者
2024 年 7 月

目录 MULU

绪论

　　在现代工业生产实践中,无论是设计、制造各种各样的机械设备,还是建筑高楼大厦或是进行水利工程的设计与施工等,都离不开一种技术文件——图样。

　　所谓图样,是指根据投影原理、标准或有关规定表示工程对象,并有必要的技术说明的工程图。由此可见,图样由图形、符号、文字和数字组成,是信息的载体。它具有传递设计意图,集合加工制造的指令的作用,是进行技术思想交流和经验交流的技术文件,是工程界共同的技术语言。而机械制图就是研究如何用图样来确切地表示机械的结构形状、尺寸大小、工作原理和技术要求的课程。

◀ 0.1 本课程简介 ▶

课程名称:机械制图,英文名称为 Mechanical Drawing。

课程类别:专业基础课,适合机械类及近机械类专业。

课程要求:必修课程。

课程性质:本课程是高职高专机械类及近机械类专业教学计划中关于绘制和阅读机械图样的理论、方法和技术的一门技术基础课。本课程的核心是采用投影理论的方法,完备且充分地表达任意复杂程度的三维空间形体,为培养学生的制图技能和空间想象能力打下必要的基础。本课程是培养学生正确识读和绘制机械图样,增强学生工程基础能力,实践性较强的应用型课程。同时,它又是学生学习后续课程和完成课程设计、毕业设计不可缺少的基础课程。

本着"突出应用,服务于专业"的教学指导思想,本课程在教学过程中以识图与制图基本技能训练为核心,突出应用性、工具性、先进性,强调理论联系实际。

本课程内容如下:

(1) 用投影法表达空间几何形体和图解空间几何问题的基本理论和方法;

(2) 绘制和阅读零件图和装配图的方法及国家标准的有关规定;

(3) 初步了解一般机械零部件的工艺结构、技术要求和构型设计方法。

◀ 0.2 本课程的培养目标 ▶

1. 知识目标

通过本课程的学习,掌握机械制图的基本理论和投影规律,为学习后续的机械基础和专业课程以及发展自身的职业能力打下必要的基础。

2. 能力目标

(1) 专业能力:培养绘图能力和识图能力。

(2) 方法能力:培养自主学习获取信息的能力、决策与规划的能力、自我控制与管理的能力、评价执行结果的能力。

(3) 社会能力:培养协同合作的团队精神,培养善于发现问题、解决问题的能力,培养踏实肯干、耐心细致、思路清晰、独立性强、诚信可靠的服务意识,培养认真负责的工作态度和严谨细致的工作作风。

◀ 0.3 本课程的研究对象 ▶

本课程的研究对象如下:

(1) 在平面上表示空间形体的图示法;

(2) 空间几何问题的图解法;

(3) 绘制和识读机械图样的方法。

◀ 0.4 本课程的学习方法和要求 ▶

(1) 本课程是实践性很强的技术基础课,在学习中重视制图规律和基本知识的学习,必须密切联系实际,更多地注意在具体作图时如何运用这些理论。只有通过多次的绘图、读图练习,反复实践,才能掌握本课程的基本原理和基本方法。

(2) 在学习中,应掌握正投影的基本概念,提高空间想象能力和空间分析问题能力,注意空间几何关系的分析以及空间几何元素与其投影之间的相互关系。只有"从空间到平面,再从平面到空间"进行反复研究和思考,才是学好本课程的有效方法。

(3) 认真听课,及时复习,独立完成作业;同时,注意正确使用绘图仪器和工具,掌握正确的作图方法和作图步骤,不断提高绘图技能和绘图速度。

(4) 绘图时要严格遵守《技术制图》和《机械制图》国家标准中的有关规定,要严谨细致,一丝不苟。

项目 1

制图基本知识与技能

◀ 任务 1.1 绘图工具及其使用方法 ▶

绘制工程图样是制图课程的任务之一,它包括尺规绘图、徒手绘图和计算机绘图。

尺规绘图的关键是要掌握常用的一些制图工具的使用方法。正确使用绘图工具,既能提高绘图速度,又能保持图面的质量,所以掌握制图工具的正确使用方法很有必要。

一般的尺规制图工具包括:图板、丁字尺、铅笔、三角板、圆规、分规和曲线板等。

一、图板和丁字尺

图板用来摆放图纸,图纸一般用透明胶布固定在图板上。丁字尺用来画水平线,如图 1-1所示,或与三角板配合画垂直线,如图 1-2 所示。丁字尺是由尺头和尺身两部分组成,两部分的连接处要牢固,尺头内侧边与尺身工作边垂直。

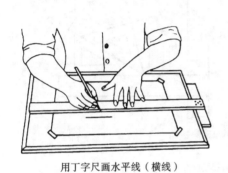

用丁字尺画水平线（横线）

图 1-1 用丁字尺画水平线

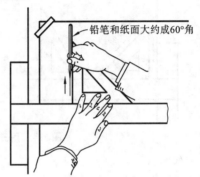

铅笔和纸面大约成60°角

图 1-2 丁字尺和三角板配合使用画垂直线

二、绘图铅笔

绘图铅笔上标有"B""H"字母,其含义是:B 前面数字越大,表明铅芯越软;H 前面数字越大,表明铅芯越硬。

1. 粗实线铅笔的修理和使用

粗实线是图样中最重要的图线,为了把粗实线画得均匀整齐,关键是正确地修理和使用铅笔,绘制粗实线的铅笔以牌号为 HB 或 B 的为宜。将铅芯修磨成矩形,使用时用矩形的长棱与纸面接触,铅芯的宽棱与丁字尺或三角板的导向棱面贴紧,用力要均匀,速度要慢,一遍画不黑可重复运笔。如图 1-3(a)所示。

2. 细实线铅笔的修理和使用

画细实线、虚线、点画线等细线的铅笔以牌号为 H 或 2H 的为宜。将铅芯修磨成圆锥形,如图 1-3(b)所示。当铅芯磨秃后要及时修理,不要凑合着画。绘制虚线和点画线时,初学者要数丁字尺或三角板上的毫米数,这样经过一段时间的练习后,画出的虚线或点画线的线段长才能整齐相等。

三、三角板

三角板由 45°角和 60°(30°)角两块直角板组成,它与丁字尺配合使用,可画出 15°倍数角

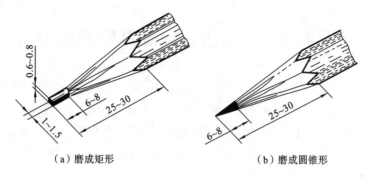

（a）磨成矩形　　　　　　　　　（b）磨成圆锥形

图 1-3　铅笔的削法

的斜线,如图 1-4 所示。两块三角板配合使用,可画已知直线的平行线和垂直线,如图 1-5 所示。图板、丁字尺和三角板的配合使用,如图 1-6 所示。

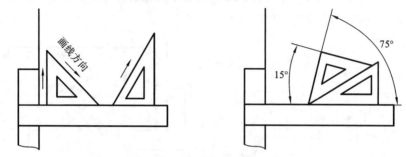

图 1-4　用三角板画 15°倍数角

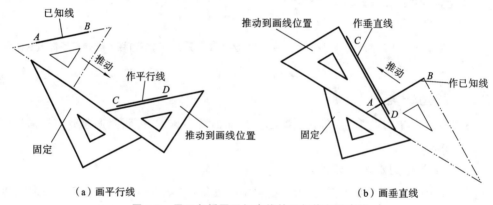

（a）画平行线　　　　　　　　　　　　　（b）画垂直线

图 1-5　用三角板画已知直线的平行线和垂直线

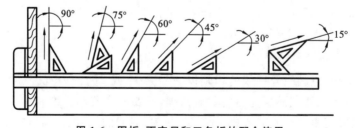

图 1-6　图板、丁字尺和三角板的配合使用

四、圆规与分规

圆规可画圆或圆弧。画圆时,应用力均匀,匀速前进,并应使圆规稍向前进的方向倾斜。

画小圆时,圆规两针脚应向里弯曲或用弹簧圆规,如图 1-7(a)所示。画大圆时,大圆规的针脚和笔芯均应保持与纸面垂直,如图 1-7(b)所示。画大直径圆还可接加长杆,如图 1-7(c)所示。

圆规笔芯应比画同类直线的笔芯软一号。在加深粗实线圆时,笔芯应磨成矩形;画细线圆时,笔芯磨成铲形,如图 1-7(d)所示。

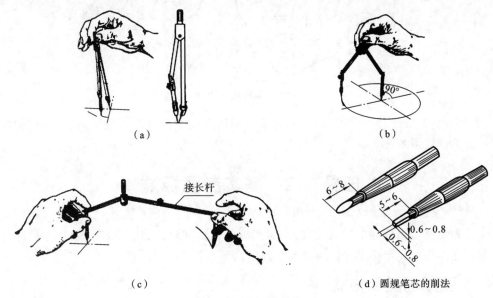

（a）　　　　　　　　　　　　　　　　（b）

接长杆

（c）　　　　　　　　　　　　　（d）圆规笔芯的削法

图 1-7　圆规的用法

分规是用来量取线段和等分线段的工具,常用的有大分规和弹簧分规两种。使用分规时,应使两针尖伸出一样齐,作图才能准确。具体使用方法如图 1-8 所示。

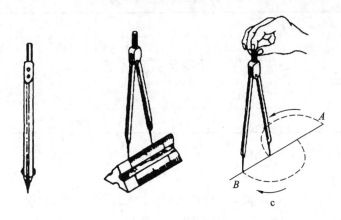

图 1-8　分规的用法

五、曲线板

曲线板是用来画非圆曲线的工具,其轮廓线由多段不同曲率半径的曲线组成,如图 1-9 所示。

作图时,先徒手用铅笔轻轻地把曲线上一系列的点顺次地连接成一条光滑曲线,然后选择曲线板上曲率合适的部分与徒手连接的曲线贴合,并将曲线加深。每次连接应至少通过

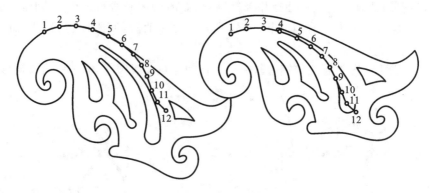

图 1-9　曲线板的用法

曲线上三个点,并注意每画一段线,都要比曲线板边与曲线贴合的部分稍短一些,这样才能使所画的曲线光滑地过渡。

◀ 任务1.2　基本制图标准 ▶

本任务参照国家标准中的有关规定,对图纸的幅面和格式、比例、字体和尺寸标注等做了介绍。在绘图时要严格遵守国家标准的规定。

一、图纸幅面和格式

1. 图纸幅面尺寸

绘制图样时,应该优先采用表 1-1 中规定(GB/T 14689—2008)的基本幅面。

表 1-1　基本幅面及周边尺寸

单位:mm

幅面代号	A0	A1	A2	A3	A4
$B \times L$	841×1 189	594×841	420×594	297×420	210×297
e	20			10	
c	10			5	
a	25				

必要时,可加长幅面,加长量与短边成整数倍增加,如图 1-10 所示。

2. 图框格式

在图纸上,必须在图纸内用粗实线绘制出图框,格式分为不留装订边和留装订边。其周边尺寸如表 1-1 所示;具体格式如图 1-11、图 1-12 所示。装订时可采用 A4 幅面竖装或 A2、A3 幅面横装。

注意:同一种产品的图样只能采用一种格式。

3. 标题栏

每张图样上都要画出标题栏,如图 1-11 和图 1-12 所示。国家标准(GB/T 10609.1—2008)对标题栏的格式和尺寸作了严格的规定,如图 1-13 所示。标题栏一般放置在图纸的右下角。标题栏中的文字通常与看图的方向保持一致。标题栏表达了零(部)件的多种信

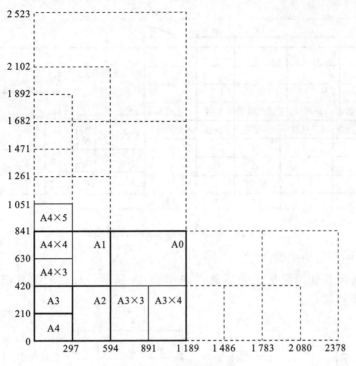

图 1-10 图纸幅面尺寸

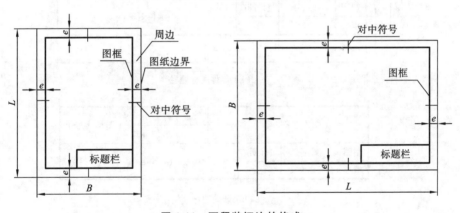

图 1-11 不留装订边的格式

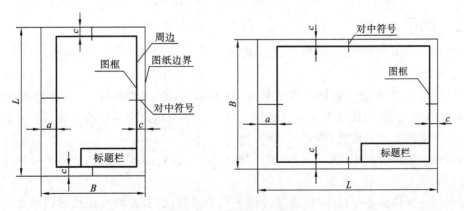

图 1-12 留装订边的格式

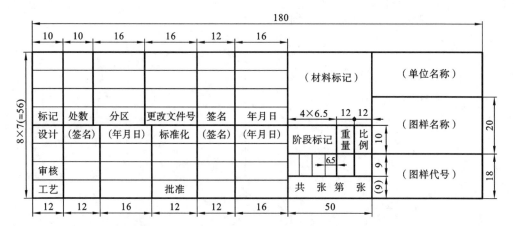

图 1-13 国家标准规定的标题栏格式

息,是工程图样中不可缺少的内容。

学生在作业时可使用简化了的标题栏,如图 1-14 所示。标题栏的外框是粗实线,其右边和底边与图框线重合。

(a)零件图标题栏

(b)装配图标题栏

图 1-14 教学中简化的标题栏格式

二、比例

图中图形与其实物相应要素的线性尺寸之比称为比例。国家标准(GB/T 14690—1993)对比例做了规定。

在绘制图样时,尽量按物体的实际大小(1∶1)画出,便于直接从图中看出物体的实际大小。但由于物体的大小和结构复杂程度不同,对大物体可以采用缩小的比例(如1∶5),对较小物体可以采用放大的比例(如2∶1)。

不管绘制机件时所采用的比例是多少,标注尺寸时,仍应按机件的实际尺寸标注,与绘图的比例无关。

绘制同一机件的各个视图时,应尽可能采用相同的比例,并填写在标题栏的比例栏中。当某个视图必须采用不同比例时,可在该视图名称的下方或右侧标注。

绘图时,应从表 1-2 规定的比例系列中选择适当的比例。

表 1-2　比例

原值比例	$1:1$	
缩小比例	$(1:1.5)$　$1:2$　$(1:2.5)$　$(1:3)$　$(1:4)$　$1:5$　$(1:6)$　$1:1×10^n$　$(1:1.5×10^n)$ $1:2×10^n$　$(1:2.5×10^n)$　$(1:3×10^n)$　$(1:4×10^n)$　$1:5×10^n$　$(1:6×10^n)$	
放大比例	$2:1$　$(2.5:1)$　$(4:1)$　$5:1$　$1×10^n:1$　$2×10^n:1$ $(2.5×10^n:1)$　$(4×10^n:1)$　$5×10^n:1$	

注:优先选用没有括弧的比例,n 为正整数。

三、字体

字体包括汉字、数字和字母。国家标准(GB/T 14961—1993)对字体的正确书写做了规定。字体的书写要做到:字体工整、笔画清楚、间隔均匀、排列整齐。其次,字体的大小要选择适当。字体的高度 h 系列为:1.8、2.5、3.5、5、7、10、20,单位为 mm。

1. 汉字

图样上的汉字应写成长仿宋体,汉字高度一般应大于 3.5 mm,这样既便于阅读,又可避免由于字体不清而造成生产上的错误。

字体的书写要领是:横平竖直、排列匀称、注意起落、填满方格。

长仿宋体的基本笔画是:横、竖、撇、捺、点、挑、折、钩八种。

汉字示例如下。

10 号字:

字体工整　笔画清楚　间隔均匀　排列整齐

7 号字:

横平竖直　排列匀称　注意起落　填满方格

5 号字:

机械制图　技术制图　电子冶金　化工建筑　学院　班级

3.5 号字:

投影基础　截交线　组合体　螺纹　齿轮　轴承　弹簧　零件图

2. 字母和数字

字母和数字分 A 型和 B 型。A 型字体的笔画宽度(d)为字高(h)的 1/14,B 型字体的笔画宽度(d)为字高(h)的 1/10。同一张图样上,只能选用一种形式的字体。

字体的书写分为直体和斜体,但徒手绘图常用斜体。斜体字头向右倾斜,与水平线成 75°角。

B 型斜体字母和数字的写法示例如下。

ABCDEFGHIJKLMNOPQRSTUVWXYZ

abcdefghijklmnopqrstuvwxyz

R3　C2　M24—6H　ϕ60H7　ϕ30g6

四、图线

工程图样是由不同的图线组成,不同的图线代表着不同的含义,可以通过图线识别图样的结构特征。

1. 线型及应用

机械图样中,国家标准(GB/T 17450—1998)中规定了绘制机械图样的基本线型的结构、尺寸、标记和绘制规则,国家标准(GB/T 4457.4—2002)是对这部分的补充。常用图线的代码、线型和应用示例如表 1-3 所示。

表 1-3　常用图线的代码、线型及应用示例

代码	线型	应用示例
01.1	细实线	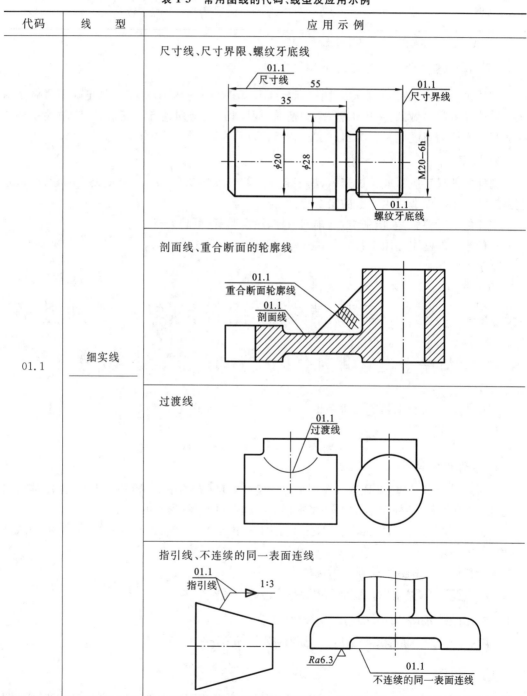

续表

代码	线　型	应 用 示 例
01.1	细实线	表示平面的对角线
01.1	波浪线	断裂处的边界线、视图与剖视图的分界线^①
	双折线	断裂处的边界线、视图与剖视图的分界线^①
01.2	粗实线	可见轮廓线、可见棱边线 螺纹牙顶线、螺纹长度终止线

代码	线型	应用示例
01.2	粗实线	相贯线 01.2 相贯线
02.1	细虚线	不可见轮廓线、不可见棱边线 02.1 不可见轮廓线 02.1 不可见棱边线
04.1	细点画线	轴线、对称中心线 04.1 轴线　04.1 对称中心线 齿轮的分度圆(线)、孔系分布的中心线 04.1 分度圆(线)　04.1 孔系分布中心线

续表

代码	线 型	应 用 示 例
05.1	细双点画线	相邻辅助零件的轮廓线、可动零件处于极限位置时的轮廓线 05.1 可动零件极限位置轮廓线 05.1 相邻辅助零件轮廓线

注:① 在一张图样上一般采用一种线型,即采用波浪线或双折线。

根据国家标准(GB/T 4457.4—2002)规定,机械图样中只采用粗细两种线宽,其比例为 2:1。图线宽度和图线组别如表 1-4 所示。

表 1-4 图线宽度和组别 单位:mm

图线组别	0.25	0.35	0.5	0.7	1	1.4	2
粗线宽度	0.25	0.35	0.5	0.7	1	1.4	2
	对应的线型代码:01.2						
细线宽度	0.13	0.18	0.25	0.35	0.5	0.7	1
	对应的线型代码:01.1;02.1;04.1;05.1						

绘图时,优先采用图线的组别为 0.5 mm 和 0.7 mm。

图样中各类线素(如点、间隔、画等)的长度应符合国家标准规定,如表 1-5 所示。

表 1-5 线素长度

线 素	长 度	线 素	长 度
点	$\leqslant 0.5d$	画	$12d$
短间隔	$3d$	长画	$24d$

注:d 为图线的宽度。

2. 画图线时注意事项

(1)同一图样中,同类图线的宽度应该保持一致。

(2)细虚线、细点画线、细双点画线等线素的线段长度间隔应大致相等,并符合国家标准规定,如表 1-5 所示。实际作图时,通常细虚线画长 4~6 mm,短间隔 1 mm;细点画线长画15~25 mm,两画短间隔约 3 mm;细双点画线长画 15~25 mm,两画短间隔约 5 mm。

(3)对称中心线或轴线,应超出轮廓线外 2~5 mm;图线相交应为画与画相交,不应该为点或间隔。在较小的圆上(直径小于 12 mm)绘制细点画线或细双点画线时,可用细实线代替。

(4)图线的末端应是画,不应是点。

(5)当虚线是粗实线的延长线时,在连接处应留出空隙。细虚线圆弧与实线相切时,虚线与圆弧应留出空隙,如图 1-15 所示。

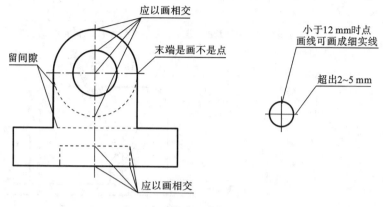

图 1-15 图线画法

◢ 任务 1.3　尺寸标注法 ◣

图样中的图形可表明机件的结构形状,而机件的确切大小是由尺寸决定的。国家标准(GB/T 4458.4—2003,GB/T 16675.2—2012)对尺寸标注作了严格的规定。

一、尺寸标注的基本规则

(1) 尺寸数值为机件的真实大小,与绘图比例无关。

(2) 图样中的尺寸以毫米为单位,如采用其他单位时,必须注明单位名称。

(3) 图中所标注尺寸为零件完工后的尺寸;否则,应另加说明。

(4) 每个尺寸一般只标注一次,并标注在最能清晰地反映结构特征的视图上。

二、尺寸组成

一个完整的尺寸,由尺寸界线、尺寸线、尺寸数字和符号和尺寸终端(箭头或斜线)组成,如图 1-16 所示。

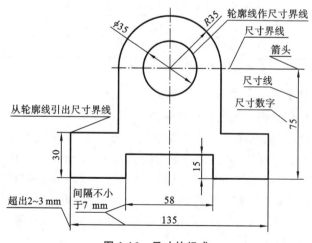

图 1-16 尺寸的组成

1. 尺寸界线

尺寸界线为细实线,应由轮廓线、轴线或对称中心线处引出,也可利用这些线代替,并超出尺寸线 3 mm 左右。尺寸界线一般应与尺寸线垂直,必要时允许倾斜,在光滑过渡处标注尺寸时,应由细实线将轮廓线延长,从交点处引出尺寸界线,如图 1-17 所示。

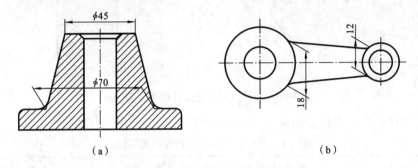

（a）　　　　　　　　　　　（b）

图 1-17　光滑过渡处尺寸界线的画法

2. 尺寸线

尺寸线为细实线。尺寸线不能由其他图线代替,也不能与其他图线重合或画在其延长线上。标注线性尺寸时尺寸线必须与所标注线段平行。

3. 尺寸线终端

尺寸线的终端如图 1-18 所示。机械图一般用箭头,也可用 45°斜线,斜线用细实线绘制,其高度应与尺寸数字的高度相等。

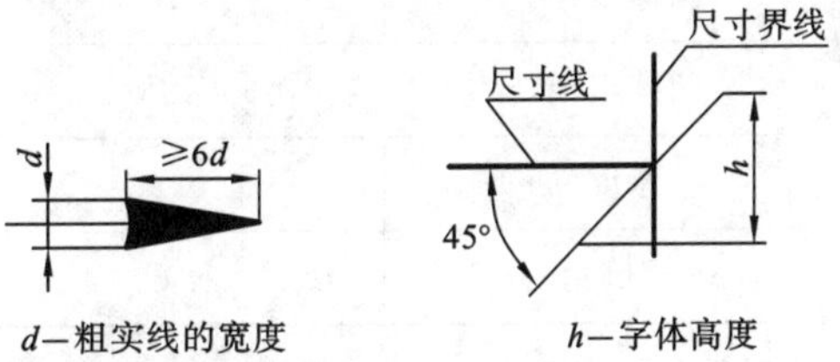

4. 尺寸数字和符号

（1）尺寸数字一般标注在尺寸线的上方,也可标注在尺寸线的中断处。

d—粗实线的宽度　　　　h—字体高度

（a）箭头　　　　　　（b）斜线

图 1-18　尺寸线终端

（2）尺寸数字应按国家标准要求书写,即水平方向字头向上,铅垂方向字头向左,倾斜方向字头保持向上趋势,如图 1-19（a）所示。尽量避免在图示 30°范围内标注。当无法避免时,可按图 1-19（b）形式标注。

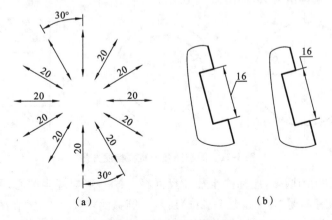

（a）　　　　　　　　　　　（b）

图 1-19　尺寸数字的方向

（3）尺寸数字不可被任何图线所通过,否则必须将图线断开,如图 1-20 所示。

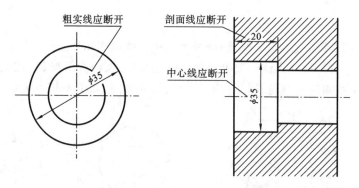

图 1-20   尺寸数字不能被任何图线通过

（4）尺寸标注中常用符号和缩写词，如表 1-6 所示。

表 1-6   尺寸标注中常用符号和缩写词

名 称	符号或缩写词	名 称	符号或缩写词
直径	ϕ	均布	EQS
半径	R	正方形	□
圆球直径	$S\phi$	深度	↓
圆球半径	SR	沉孔或锪平	⊔
厚度	t	埋头孔	⌄
45°倒角	C	弧长	⌒

三、常用的尺寸标注方法

1. 直径和半径的标注方法

通常，大于 180°圆弧和圆应标注直径，圆的直径尺寸线应通过圆心，尺寸终端画成箭头，在尺寸数字前加注符号"ϕ"。当图形中的圆弧只画出略大于一半时，尺寸线应略超过圆心，此时仅在尺寸线一端画出箭头，如图 1-21 所示。

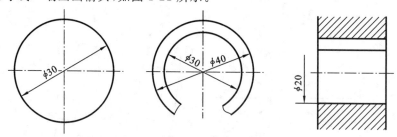

图 1-21   圆和圆弧的直径标注方法

小于或等于 180°的圆弧，应标注半径。尺寸线一端一般应画到圆心，另一端画成箭头，并在尺寸数字前加注符号"R"，如图 1-22（a）所示。圆弧的半径过大，或在图纸范围内无法标其圆心位置时，可将尺寸线折断，如图 1-22（b）所示。

标注球面的直径和半径时，应在符号"ϕ"和"R"前加符号"S"，如图 1-23 所示。

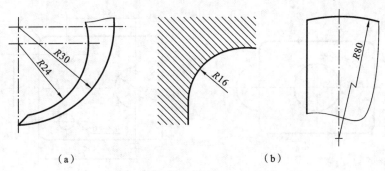

（a）   （b）

图 1-22　圆弧半径的标注方法

2. 角度、弧长和弦长的标注方法

（1）标注角度时，尺寸线画成圆弧，圆心是角的顶点，尺寸界线沿径向引出。

（2）角度的数字一律写成水平方向，一般写在尺寸线的中断处，必要时也可以注写在尺寸线的上方和外面，也可引出标注，如图 1-24（a）所示。

（3）弦长的标注方法，如图 1-24（b）所示，标注弦长的尺寸界线应平行于该弦的垂直平分线。弧长的标注方法，如图 1-24（c）所示，标注弧长的尺寸界线应平行于该弧所对圆心角的角平分线。

（a）   （b）

图 1-23　球面直径和半径的标注方法

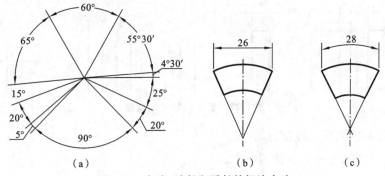

（a）   （b）   （c）

图 1-24　角度、弦长和弧长的标注方法

3. 板形零件厚度和对称图形的尺寸标注方法

板形零件厚度尺寸标注，如图 1-25（a）所示。

当对称图形只画出一半时，尺寸线应略超过对称中心线或断裂处的边界线，此时仅在尺寸线的一端画箭头，如图 1-25（b）所示。

4. 小尺寸的标注方法

图形上直径较小的圆或圆弧标注，如图 1-26 所示。小圆弧半径的尺寸线，不论其是否画到圆心，但其方向必须通过圆心。

在没有足够位置画尺寸箭头或写尺寸数字时，可将其中之一布置在尺寸界线的外面，也可把尺寸箭头和尺寸数字都布置在尺寸界线的外面。标注一连串小尺寸时，允许用圆点或

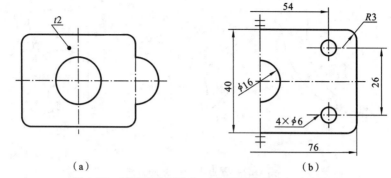

（a）　　　　　　　　　　　　　　　（b）

图 1-25　板形零件厚度和对称图形的尺寸标注方法

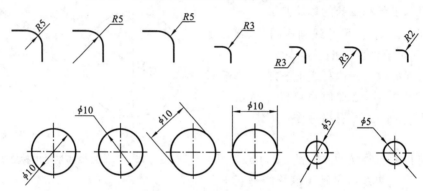

图 1-26　小圆和圆弧的标注方法

斜线代替中间的箭头，如图 1-27 所示。

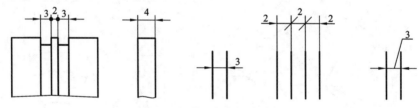

图 1-27　箭头与数字的调整

5. 正方形结构的尺寸标注方法

正方形结构的尺寸标注方法，如图 1-28 所示。

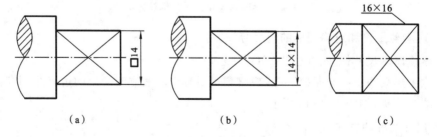

（a）　　　　　　　　　　　　　　（b）　　　　　　　　　　　　　　（c）

图 1-28　正方形结构的尺寸标注方法

四、平面图形尺寸标注实例

平面图形尺寸标注实例，如图 1-29 所示。

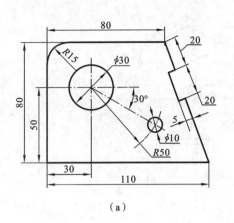

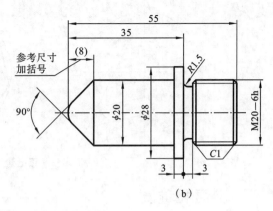

（a） （b）

图 1-29 平面图形尺寸标注实例

◀▶ 任务 1.4 几 何 作 图 ◀▶

在使用尺规作图时,要按几何原理绘制常见的几何图形,因此必须掌握一些基本的几何作图方法。

一、正多边形

1. 正六边形

方法一:利用外接圆直径 D,用圆的半径六等分圆周,然后将等分点依次连线,画正六边形,如图 1-30 所示。

方法二:用丁字尺和三角板画正六边形,如图 1-31 所示。

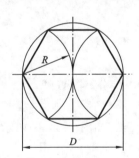

图 1-30 用圆规画正六边形

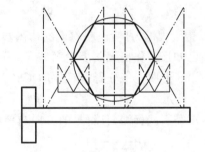

图 1-31 用丁字尺和三角板画正六边形

2. 近似作正 n 边形

任意边数的正多边形的近似作法如图 1-32 所示。

以画正七边形为例,具体步骤如下。

（1）由已知条件作正多边形的外接圆,并把直径 AH 七等分。

（2）以点 A 为圆心,AH 为半经画弧交与水平直径延长线于点 M。

（3）延长 $M2$、$M4$、$M6$ 与外接圆分别交于点 B、C、D（选间隔点）。

（4）分别过点 B、C、D 作水平线与外接圆分别交于点 G、F、E。

（5）顺次连接各点 A、B、C、D、E、F、G,完成正七边形。

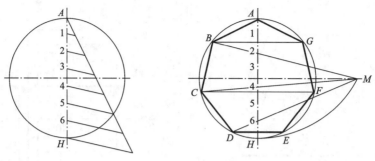

图 1-32　正七边形的画法

二、斜度和锥度

1. 斜度

斜度是一直线(或平面)对另一直线(或平面)的倾斜程度。其大小用两直线(或两面)之间夹角的正切来表示,并把比值化为 1:n 的形式,如图 1-33(a)、(b)所示。斜度符号的画法,如图 1-33(c)所示。

$$斜度 = \tan\alpha = H : L = 1 : \frac{L}{H} = 1 : n$$

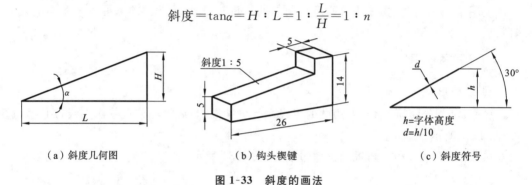

（a）斜度几何图　　　　　　　（b）钩头楔键　　　　　　　（c）斜度符号

图 1-33　斜度的画法

下面以钩头楔键为例,说明斜度的作图步骤。

(1) 由已知尺寸作出无斜度轮廓。

(2) 在 AB 上取五等分得点 C,作 DC⊥AC,取 DC 为一等分,连 AD 即为 1:5 斜度线,如图 1-34(a)所示。

(3) 斜度需引线标注,且符号的方向与斜度实际方向一致,如图 1-34(b)所示。

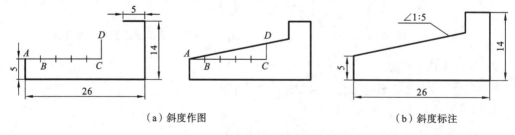

（a）斜度作图　　　　　　　　　　（b）斜度标注

图 1-34　斜度的作图及标注

2. 锥度

锥度是正圆锥底面圆直径与锥体高度之比。若是锥台,则锥度为上下两底面圆直径差与锥台高度之比。其比值也化为 1:n 的形式,如图 1-35(a)、(b)所示。锥度符号的画法,如

图 1-35(c)所示。

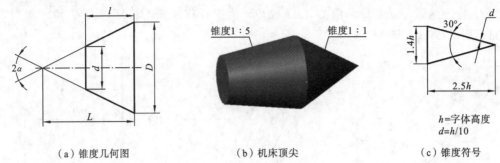

（a）锥度几何图　　　　　　　　（b）机床顶尖　　　　　　　　（c）锥度符号

图 1-35　锥度的画法

$$锥度 = \frac{D}{L} = \frac{D-d}{l} = 2\tan\alpha$$

下面以车床顶尖为例，说明锥度的作图步骤。

（1）由已知尺寸，作出无锥度的图形。

（2）从点 A 向右在轴线上取五个单位得点 F，在点 F 处取 DE 等于一个单位长，连接 AD、AE 得 $1:5$ 锥度。过点 B、C 分别作 AD、AE 的平行线，完成 $1:5$ 锥度。同理，取 GH 为一个单位长，轴线上取一个单位长得点 K，连接 GK、HK 得 $1:1$ 标准锥度。过点 M、N 分别作 GK、HK 的平行线，完成 $1:1$ 锥度。

（3）锥度需引线标注，且符号的方向与锥度实际方向一致，参考 GB/T 15754—1995，如图 1-36 所示。

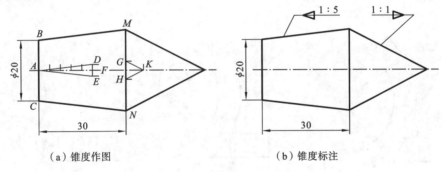

（a）锥度作图　　　　　　　　　　　　（b）锥度标注

图 1-36　锥度画法及标注

三、圆弧连接

绘图过程中，经常会遇到圆弧连接。圆弧连接实际上就是用已知半径的圆弧去光滑地连接两已知线段（直线或圆弧）。其中起连接作用的圆弧称为连接弧。这种光滑连接在几何中即为相切。切点就是连接点。作图时，应找到连接圆弧的圆心及切点。下面分三种情况进行介绍。

1. 用已知半径圆弧连接两已知直线

作图步骤如下。

（1）求连接弧的圆心。作两辅助直线分别与 AC 及 BC 平行，并使两平行线之间的距离都等于 R，两辅助直线的交点 O 就是所求连接圆弧的圆心。

（2）求连接弧的切点。从点 O 分别向两已知直线作垂线得点 M、N。点 M、N 即所求切点。

（3）作连接弧。以点 O 为圆心，OM 或 ON 为半径作圆弧，与 AC 及 BC 切于两点 M、N，完成连接，如图 1-37 所示。

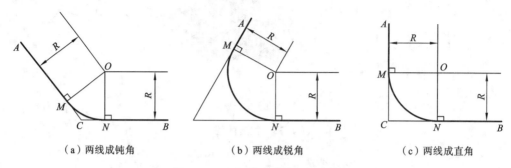

（a）两线成钝角　　　　　　（b）两线成锐角　　　　　　（c）两线成直角

图 1-37　已知圆弧连接已知直线

2. 用已知半径圆弧连接已知圆弧和已知直线

作图步骤如下。

（1）求连接弧的圆心。作辅助直线平行已知直线，距离等于 R。以点 O_1 为圆心，R_1+R 为半径作圆弧，交辅助直线于点 O，O 点即为连接圆弧的圆心，如图 1-38(a)所示。

（2）求连接弧的切点。从点 O 向已知直线作垂线，得点 K_1，连接 OO_1 与已知圆弧交于点 K_2。点 K_1、K_2 即所求切点，如图 1-38(b)所示。

（3）作连接弧。以点 O 为圆心，OK_1 或 OK_2 为半径作圆弧，完成圆弧连接，如图 1-38(c)所示。

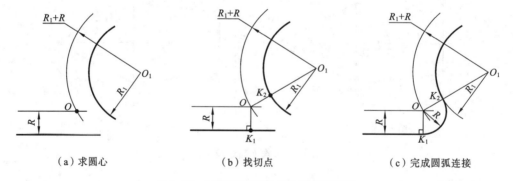

（a）求圆心　　　　　　　（b）找切点　　　　　　（c）完成圆弧连接

图 1-38　已知圆弧连接已知直线和圆弧

3. 用圆弧连接两已知圆弧

用圆弧连接两已知圆弧可分两种情况，即外切和内切，外切时找圆心的半径为 $R+R_{外}$，内切时找圆心的半径为 $R_{内}-R$。

（1）用 R_3 圆弧外切两已知圆弧（R_1、R_2）的作图方法。

分别以点 O_1、O_2 为圆心，R_1+R_3 和 R_2+R_3 为半径画圆弧得交点 O_3，即为连接圆弧的圆心；连接 O_1O_3、O_2O_3 与已知圆弧分别交于点 K_1、K_2。点 K_1、K_2 即所求切点，如图 1-39(a)所示。以点 O_3 为圆心，R_3 为半径作圆弧，完成圆弧连接，如图 1-39(b)所示。

（2）用 R_4 圆弧内切两已知圆弧（R_1、R_2）的作图方法。

分别以点 O_1、O_2 为圆心，R_4-R_1 和 R_4-R_2 为半径画圆弧得交点 O_4，点 O_4 即为连接圆

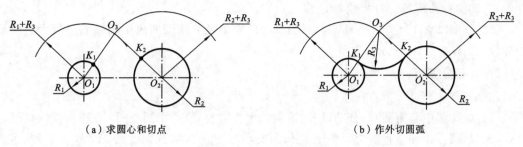

（a）求圆心和切点　　　　　　　　　　　　（b）作外切圆弧

图 1-39　作外切连接圆弧

弧的圆心。连接 O_1O_4、O_2O_4 与已知圆弧分别交于点 K_1、K_2。点 K_1、K_2 即所求切点，如图 1-40(a) 所示。以点 O_4 为圆心，R_4 为半径作圆弧，完成圆弧连接，如图 1-40(b) 所示。

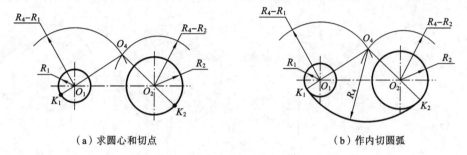

（a）求圆心和切点　　　　　　　　　　　　（b）作内切圆弧

图 1-40　作内切连接圆弧

四、椭圆的近似画法

精确绘制椭圆可通过计算机来完成，这里介绍画椭圆的近似方法，通常采用四心圆弧法和同心圆法。

1. 四心圆弧法

作图步骤如下。

（1）画出两条正交的中心线，确定椭圆的中心 O，长轴的左端点 A、右端点 B 和短轴的上端点 C、下端点 D，然后连接 AC，如图 1-41(a) 所示。

（2）以点 O 为圆心，OA 为半径画圆弧交 OC 延长线于点 E。

（3）以点 C 为圆心，CE 为半径画圆弧交 AC 于点 F。

（4）作 AF 的垂直平分线交 AB 于点 1、CD 于点 2，然后求点 1、2 对于长轴 AB、短轴 CD 的对称点 3 和对称点 4，则点 1、2、3、4 为组成椭圆四段圆弧的圆心。连接 12、14、23、34

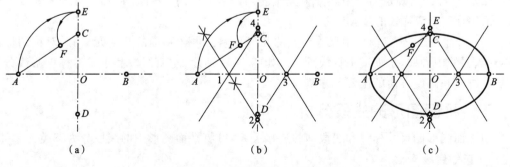

（a）　　　　　　　　　　（b）　　　　　　　　　　（c）

图 1-41　椭圆的四心圆弧法

并延长,即得四段圆弧的分界线,如图 1-41(b)所示。

(5) 分别以点 1、2、3、4 为圆心,以 1A 和 2C 为半径分别画两段小圆弧和两段大圆弧至分界线,如图 1-41(c)所示。

2. 同心圆法

作图步骤如下。

(1) 以椭圆中心为圆心,分别以长、短轴长度为直径,作两个同心圆,如图 1-42(a)所示。

(2) 过圆心作任意直线交大圆于点 1、2,交小圆于点 3、4,分别过点 1、2 引垂直线,过点 3、4 引水平线,它们的交点 a、b 即为椭圆上的点,如图 1-42(b)所示。

(3) 按第二步的方法重复作图,求出椭圆上一系列的点,如图 1-42(c)所示。

(4) 用曲线板光滑地连接诸点,即得所求的椭圆,如图 1-42(d)所示。

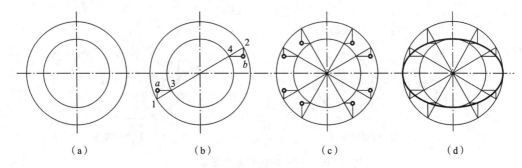

(a)　　　　　　(b)　　　　　　(c)　　　　　　(d)

图 1-42　椭圆的同心圆法

◀ 任务 1.5　平面图形的画法 ▶

绘制图样时,机件的轮廓形状一般都是由直线、圆或其他的曲线组成的平面图形。在绘制平面图形时,需要根据尺寸标注,画出各个部分。因此,要对平面图形尺寸和线段进行分析,以确定画图顺序和正确地标注尺寸。

一、平面图形的尺寸分析

尺寸是用来确定平面图形的形状和位置,依据其作用,可分为定形尺寸和定位尺寸。

(1) 定形尺寸:确定图形中各几何元素形状大小的尺寸。如图 1-43 所示,$\phi 22$、$\phi 28$、$R11$、$R60$、$R104$ 等。

(2) 定位尺寸:确定图形中各几何元素相对位置的尺寸。如图 1-43 所示,98 和 149 是确定 $R104$、$R11$ 两圆弧的位置尺寸。

(3) 尺寸基准:确定图形中尺寸位置的几何元素。可作基准的几何元素有:对称图形的中心线、圆的中心线、水平或垂直线段等。如图 1-44 所示,垂直线段和水平对称中心线分别是长度方向和高度方向的主要尺寸基准。

二、平面图形的线段分析

由平面图形的尺寸标注和线段间的连接关系,可将平面图形中的线段分为三类。

1. 已知线段

利用图中所给尺寸可直接画出的线段称为已知线段,即有足够的定形尺寸和定位尺寸

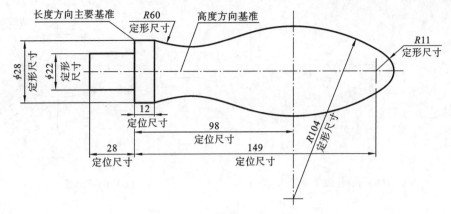

图 1-43　平面图形的尺寸分析

的线段。如图 1-44 所示，$\phi22$、$\phi28$、$R11$、28、12、98 和 149 等。

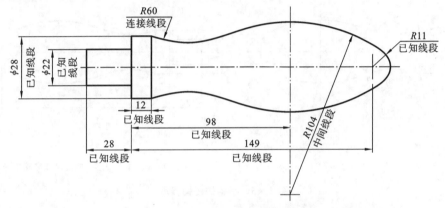

图 1-44　平面图形的线段分析

2. 中间线段

利用图中所给尺寸，并需借助一个连接关系才能画出的线段称为中间线段，即除已知尺寸外，还需一个连接关系才能画出的线段，它缺少一个定位尺寸。如图 1-44 所示，$R104$ 为中间线段。

3. 连接线段

利用图中所给尺寸，并需借助两个连接关系才能画出的线段称为连接线段。如图 1-44 所示，$R60$ 为连接线段。

三、平面图形的画法

（1）分析图形，通常根据所注尺寸确定哪些是已知线段，哪些是连接线段，并画出长度方向和高度方向的基准线，如图 1-45(a) 所示。

（2）画出各已知线段，如图 1-45(a) 所示。

（3）画出中间线段，利用与右侧 $R11$ 圆弧相内切的关系，确定圆弧的圆心和切点位置，画出圆弧，如图 1-45(b) 所示。

（4）利用圆弧连接的作图方法，画出各圆弧线段。利用与 $R104$ 圆弧相外切的关系，确定圆弧的圆心和切点的位置，画出圆弧，连接图线，如图 1-45(c) 所示。

（5）检查、加深图形、标注尺寸，完成全图，如图 1-45(d) 所示。

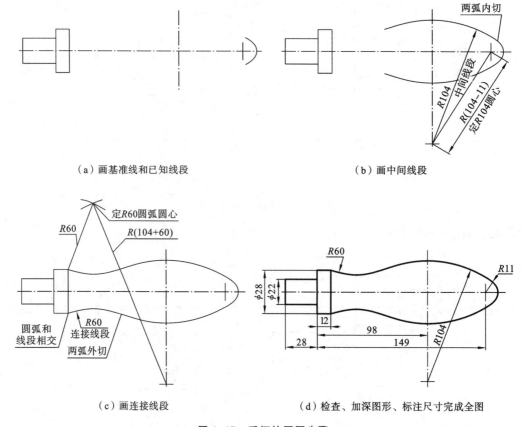

（a）画基准线和已知线段　　　　　　　　　（b）画中间线段

（c）画连接线段　　　　　　　　　（d）检查、加深图形、标注尺寸完成全图

图 1-45　手柄的画图步骤

◀ 任务 1.6　徒 手 绘 图 ▶

一、绘图的一般方法

为了提高图样质量和绘图速度，除了必须熟悉国家制图标准，掌握几何作图的方法和正确使用绘图工具外，还必须掌握正确的绘图程序和方法。

1. 绘图前的准备工作

（1）阅读有关文件、资料，了解所画图样的内容和要求。

（2）准备好绘图用的图板、丁字尺、三角板、圆规及其他工具用品，把铅笔按线型要求削好。

（3）根据所绘图形或物体的大小和复杂程度选定比例，确定图纸幅面，将图纸用透明胶带固定在图板上。在固定图纸时，应使图纸的上下边与丁字尺的尺身平行。当图纸较小时，应将图纸布置在图板的左下方，且使图板的下边缘至少留有一个尺深的宽度，以便放置丁字尺。

2. 画底稿

（1）按国家标准规定画图框和标题栏。

（2）布置图形的位置。根据每个图形的长、宽尺寸确定位置，同时要考虑标注尺寸或说明等其他内容所占的位置,使每一图形周围要留有适当空余,各图形间要布置得均匀整齐。

(3)先画图形的轴线或对称中心线,再画主要轮廓线,然后由主到次、由整体到局部,画出其他所有图线。

(4)画其他符号、尺寸线、尺寸界线、尺寸数字。

(5)仔细检查校对,擦去多余线条和污垢。

3. 加深

按规定线型加深底稿,应做到线型正确,粗细分明,连接光滑,图面整洁。同一类线型,加深后的粗细要一致。其顺序一般如下。

(1)加深点画线。

(2)加深粗实线圆和圆弧。

(3)由上至下加深水平粗实线,再由左至右加深垂直的粗实线,最后加深倾斜的粗实线。

(4)按加深粗实线的方法依次加深所有的虚线圆及圆弧,水平的、垂直的和倾斜的虚线。

(5)加深细实线、波浪线。

(6)画符号和箭头,标注尺寸,书写注释和标题栏等。

(7)全面检查,改正错误,并作必要的修饰。

二、徒手绘图

徒手绘图又称草图,即不借助尺规等绘图工具,根据观察物体的形状和大小,徒手绘制图样。在测绘零件时,经常采用徒手绘图,因此,具备一定的徒手绘图的能力是十分必要的。

徒手绘图一般用 HB 或 B 铅笔,铅芯磨成圆锥形。为了提高徒手绘图速度,草图图纸一般不固定。

下面介绍直线、角度、圆、圆角、椭圆等图形元素的徒手绘制方法。

1. 直线的画法

徒手绘制直线时,手指应握离笔尖约 35 mm 处,小手指不宜紧贴纸面,根据所画线段的长短定出两点,用手腕带动笔尖沿直线的方向运动。

画斜线时,用眼睛估计斜线的倾斜度,根据线段的长度定出两点,用笔方法同上。当绘制较长斜线时,为了运笔方便,可将图纸旋转一定角度,把斜线当作水平或垂直线来画,如图1-46 所示。

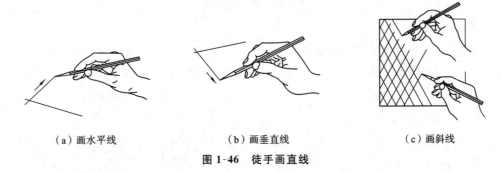

(a)画水平线　　　　　(b)画垂直线　　　　　(c)画斜线

图 1-46　徒手画直线

2. 圆及圆弧的画法

1)圆的画法

绘制较小的圆时,先定出圆心及中心线,根据半径在中心线上目测定出四个点,然后过这四点画圆。绘制较大的圆时,可以过圆心再增画两条与水平线成45°的斜线,在增加的两条线上根据半径再定出四个点,然后过这八个点画圆,如图1-47所示。

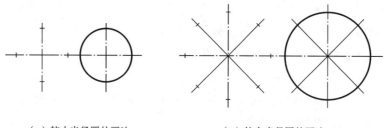

（a）较小半径圆的画法　　　　（b）较大半径圆的画法

图1-47　徒手画圆

2）圆角的画法

绘制圆角时,先根据圆角半径的大小,在角平分线上找出圆心,过圆心向两边引垂直线定出圆弧的起点和终点,同时在角平分线上也定出圆弧上的一个点,过这三点画圆弧,如图1-48所示。

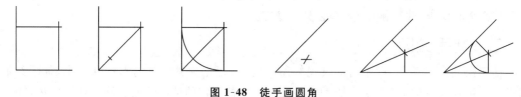

图1-48　徒手画圆角

3. 角度的画法

在绘制一些常用角度,如30°、45°、60°时,可根据它们的斜率近似比值画出,如图1-49所示。

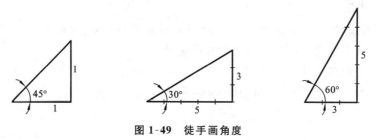

图1-49　徒手画角度

4. 椭圆的画法

绘制椭圆时,先定出椭圆的长短轴,目测定出四个点位置,然后过这四个点作矩形,最后作椭圆与该矩形相切,如图1-50所示。或利用外接平行四边形画椭圆,如图1-51所示。

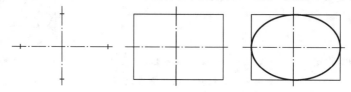

图1-50　利用矩形徒手画椭圆

草图图形的大小是根据目测估计画出的,目测尺寸比例要准确。初学徒手绘图,可在方格纸上进行,如图1-52所示。

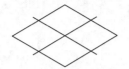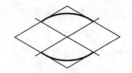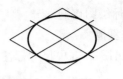

图 1-51 利用外接平行四边形徒手画椭圆

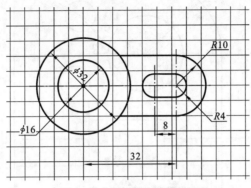

图 1-52 徒手画平面图示例

拓展与练习

一、选择题

1. 国家标准规定,图纸幅面尺寸应优先选用( )种基本幅面尺寸。

A. 3 　　　　B. 4 　　　　C. 5 　　　　D. 6

2. 1:2 是( )的比例。

A. 放大 　　　B. 缩小 　　　C. 优先选用 　　　D. 尽量不用

3. 某产品用放大 1 倍的比例绘图,在标题栏的比例栏中应填写( )。

A. 放大一倍 　　B. 1×2 　　C. 2/1 　　D. 2:1

4. 若采用 1:5 的比例绘制一个直径为 40 的圆时,其绘图直径为( )。

A. $\phi 8$ 　　　B. $\phi 10$ 　　　C. $\phi 40$ 　　　D. $\phi 200$

5. 机械图样中常用的图线类型有粗实线、( )、虚线、细点画线等。

A. 轮廓线 　　B. 基准线 　　C. 细实线 　　D. 轨迹线

6. 机械图样中各种类型图线的宽度分为( )种。

A. 1 　　　　B. 2 　　　　C. 3 　　　　D. 4

7. 绘制机械图样时,粗实线的宽度不应小于( )mm。

A. 0.5 　　　B. 0.7 　　　C. 1 　　　　D. 2

8. 在以下选项中,( )mm 是制图国家标准规定的字体高度。

A. 3 　　　　B. 4 　　　　C. 5 　　　　D. 6

9. 图样中的尺寸以( )为单位时,一般不需要标注计量单位符号,若采用其他计量单位则必须标明。

A. km 　　　B. dm 　　　C. cm 　　　D. mm

10. 机件的真实大小应以图样上( )为依据。

A. 所注尺寸数值 　　　　　B. 所画图形大小

C. 所标绘图比例   D. 所加文字说明

二、作图题

1. 找出图 1-53 中尺寸标注的错误，并正确注出。

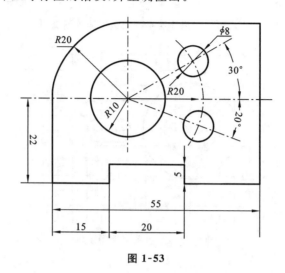

图 1-53

2. 按 1∶1 的比例绘制图 1-54 中简单平面图形，并标注尺寸。

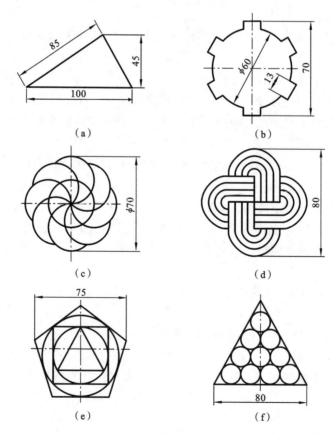

（a）   （b）

（c）   （d）

（e）   （f）

图 1-54

项目 2

投影基础

◀ 任务2.1 正 影 投 法 ▶

一、投影法的基本概念

1. 投影法的概念

物体在光线照射下,就会在地面或墙壁上产生影子,人们把这种自然现象加以抽象,总结其规律,提出投影法概念,如图 2-1 所示。假定平面 P 为投影面,不属于该平面上的定点 S 为投射中心,投射线由投射中心发出,过空间点 A 的投射线与投影面 P 交于点 a,称为空间点 A 在投影面 P 上的投影(空间几何元素用大写字母表示,其投影用同名小写字母表示)。由此得到的空间几何元素投影的方法称为投影法。

2. 投影法的分类

1) 中心投影法

投射线都通过投射中心的投影法称为中心投影法,如图 2-2 所示。从投射中心 S 引出三根投射线分别过△ABC 的三个顶点与投影面 P 相交于点 a、b、c,线段 ab、bc、ac 分别是线段 AB、BC、AC 的投影;△abc 就是空间△ABC 的投影,该法多用于绘制建筑图样中的透视图。

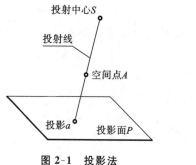

图 2-1 投影法   图 2-2 中心投影法

2) 平行投影法

假设将投射中心移至无穷远处,这时的投射线可看作相互平行,如图 2-3 所示。这种投射线相互平行的投影法,称为平行投影法。

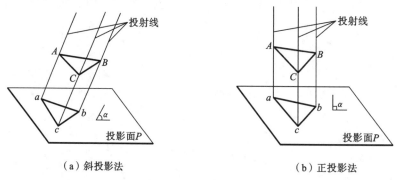

（a）斜投影法   （b）正投影法

图 2-3 平行投影法

在平行投影法中,按投射线与投影面的相对位置(垂直或倾斜),又分为斜投影法和正投影法。

（1）斜投影法。

投射线与投影面相倾斜的平行投影法。根据斜投影法所得到的图形,称为斜投影(斜投影图),如图 2-3(a)所示。

（2）正投影法。

投射线与投影面相垂直的平行投影法。根据正投影法所得到的图形,称为正投影(正投影图),如图 2-3(b)所示。国家标准(GB/T 14692—2008)规定,物体的图样用正投影法绘制,通常将“正投影”简称为“投影”。

二、正投影的基本特性

1. 同素性

一般情况下点的投影仍为点,线段的投影仍为线段。

2. 平行性

空间两直线平行,其同面投影亦平行。空间直线 $AB/\!/CD$,其投影 $ab/\!/cd$,如图 2-4(a)所示。

3. 从属性

点在直线上,则点的投影一定在该直线的同面投影上。点 K 在直线 AB 上,那么,点 K 的投影 k 也一定在直线 AB 的投影 ab 上,如图 2-4(b)所示。

4. 定比性

点分线段之比,投影后保持不变。即 $CK:KD=ck:kd$,如图 2-4(c)所示。

空间两平行线之比,等于其投影之比。

5. 积聚性

当物体上的平面(或柱面、直线)与投影面垂直时,则在投影面上的投影积聚为直线(或曲线、点),这种投影特性称为积聚性,如图 2-4(d)所示。

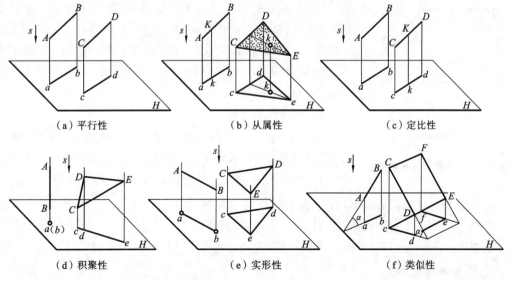

（a）平行性　　　　　（b）从属性　　　　　（c）定比性

（d）积聚性　　　　　（e）实形性　　　　　（f）类似性

图 2-4　正投影的基本特性

6. 实形性（度量性或可量性）

当物体上的平面（或直线）与投影面平行时，投影反映实形（或实长），这种投影特性称为实形性，如图 2-4(e)所示。

7. 类似性

当物体上的平面与投影面倾斜时，投影的形状仍与原来的形状类似，这种投影特性称为类似性，投影称为类似形。其投影特性为：同一直线上成比例的线段投影后比例不变，平面图形的边数、平行关系、直线曲线投影后不变，如图 2-4(f)所示。

任务2.2　三视图的形成及其投影规律

两个形状不同的物体，在同一投影面上的投影相同，说明仅有一个投影是不能唯一地确定物体的结构形状，如图 2-5 所示。为了唯一地确定物体的结构形状，需要采用多面投影。

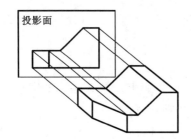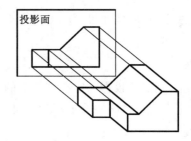

图 2-5　一个投影不能唯一确定物体的结构形状

一、三视图的形成

1. 三投影面体系的建立

通常，建立一个相互垂直的三投影面体系，如图 2-6 所示。三个投影面分别称为正投影

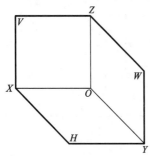

面（简称正面，用 V 表示）、水平投影面（简称水平面，用 H 表示）和侧投影面（简称侧面，用 W 表示）。物体在这三个投影面上的投影分别称为正面投影、水平投影和侧面投影。三个投影面之间的交线 OX、OY、OZ 称为投影轴。三个互相垂直的投影轴的交点 O 称为原点。

2. 三视图的形成

在机械制图中，将物体置于多面投影体系中，按正投影法投影所得到的图形称为视图。将物体置于观察者与投影面之间，用正投影法分别向三个投影面投影，得到物体的三视图。

图 2-6　三投影面体系的建立

主视图——从前向后投射，在 V 面上所得到的视图。

俯视图——从上向下投射，在 H 面上所得到的视图。

左视图——从左向右投射，在 W 面上所得到的视图。

3. 三投影面的展开

为了画图和看图的方便，需将三个相互垂直的投影面展开平摊在同一个平面上。

其展开方法是:正面(V 面)不动,水平面(H 面)绕 X 轴向下旋转 90°,侧面(W 面)绕 Z 轴向右后旋转 90°;分别旋转到与正面处在同一平面上,如图 2-7(b)、(c)所示。

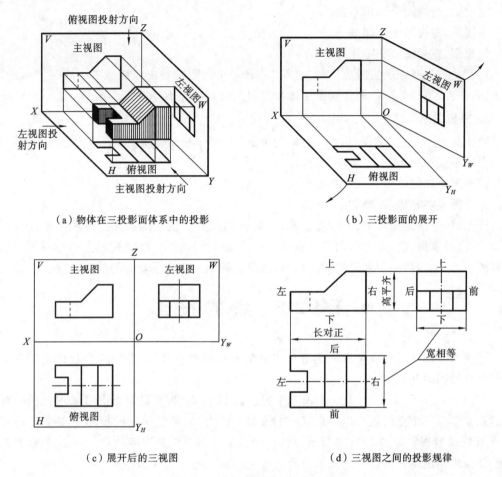

（a）物体在三投影面体系中的投影　　　　　　（b）三投影面的展开

（c）展开后的三视图　　　　　　（d）三视图之间的投影规律

图 2-7　三视图的形成和投影规律

在三视图中,由于视图所表示的物体形状与投影面的大小、物体与投影面之间的距离无关,投影面可无限延伸,投影面边框不必画出,又因物体离投影面远近不影响投影,投影轴也不必画出,如图 2-7(d)所示。

二、三视图的对应关系

将投影面旋转展开到同一平面上后,物体的三视图则呈规则配置,相互之间形成了一定的对应关系。

1. 位置关系

以主视图为准,俯视图配置在它的正下方,左视图配置在它的正右方,如图 2-7(c)、(d)所示。画三视图时,要严格按此位置配置。

2. 度量关系

如图 2-7(d)所示,物体有长、宽、高三方向的尺寸,每个视图都反映物体两个方向的尺寸:主视图反映物体的长度和高度,俯视图反映物体的长度和宽度,左视图反映物体的宽度和高度。由于三视图反映的是同一物体,所以相邻两个视图同一方向的尺寸必定相等,即

主、俯视图反映物体的长度,主、左视图反映物体的高度,俯、左视图反映物体的宽度。度量对应关系归纳如下:

　　　主视图、俯视图——长对正;

　　　主视图、左视图——高平齐;

　　　俯视图、左视图——宽相等。

这就是三视图在度量对应上的"三等"关系。在画图过程中应注意三个视图之间的"长对正、高平齐、宽相等",特别是画俯视图和左视图时宽相等不要搞错。

3. 方位关系

物体有上、下、左、右、前、后六个方向的位置。而每个视图只能反映四个方向的位置关系:

　　主视图反映物体上、下和左、右方位;

　　俯视图反映物体前、后和左、右方位;

　　左视图反映物体前、后和上、下方位。

读图时,应注意物体上、下、左、右和前、后各部位与三视图的联系。一般说来,上、下和左、右方向易掌握,前、后方向则容易搞错。如图 2-7(d) 所示,以主视图为中心看俯视图和左视图,靠近主视图一侧表示物体的后面,远离主视图一侧表示物体的前面。

◀ 任务 2.3　点 的 投 影 ▶

任何物体都可以看成是点的集合。点是基本几何要素,研究点的投影规律是掌握其他几何要素投影的基础。

如图 2-8(a)所示,过空间点 A 向水平投影面 H 作垂线,垂足 a 为空间点 A 在投影面 H 上的正投影。一个空间点可以得到唯一的投影。反之,如果已知点的投影 a,是否能确定空间点 A 的位置呢? 如图 2-8(b)所示,点 $A_1,A_2,A_3\cdots$都可能是对应的空间点。所以,已知点的一面投影不能唯一确定空间点的位置。

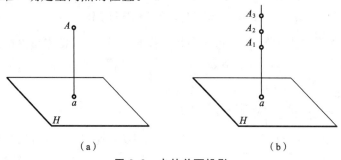

　（a）　　　　　　　　　　　（b）

图 2-8　点的单面投影

一、点在两投影面体系中的投影

1. 两投影面体系的建立

如图 2-9 所示,空间两个互相垂直的投影面,处于正面位置的投影面是正投影面(V);处于水平位置的投影面是水平投影面(H);V 面与 H 面的交线称投影轴,用 OX 表示。两个投影面把空间分成四个分角,分别称为Ⅰ、Ⅱ、Ⅲ、Ⅳ分角。将物体置于第一分角内,使其处于观察者与投影面之间而得到正投影的方法称为第一角画法。国家标准规定工程图样优先采用第一分角画法。

2. 点的两面投影

如图 2-10(a)所示,过点 A 向 H 面作垂线,垂足是点 A 在 H 面上的投影(水平投影),用 a 表示;过点 A 向 V 面作垂线,垂足是点 A 在 V 面上的投影(正面投影),用 a' 表示。通常用大写字母表示空间的几何元素,用相应的小写字母表示其水平投影,用相应的小写字母加一撇表示其正面投影。其中 $a'a_x \perp OX$,$aa_x \perp OX$,且 $a'a_x = Aa$,$aa_x = Aa'$,即点 A 的正面投影 a' 到投影轴 OX 的距离,等于点 A 到 H 面的距离;点 A 的水平投影 a 到投影轴 OX 的距离,等于点 A 到 V 面的距离。

将 H 面绕 OX 轴向下旋转 $90°$ 与 V 面处于同一平面,得点的两面投影图,如图 2-10(b)所示。图中 $a'a$ 连线(细实线)垂直 OX 轴。

综上所述,可概括出点在两投影面体系中的投影规律。

(1) 点 A 的正面投影和水平投影的连线垂直于 OX 轴,即 $a'a \perp OX$。

(2) 点 A 的正面投影到 OX 轴的距离,等于空间点 A 到 H 面的距离,即 $a'a_x = Aa$。

(3) 点 A 的水平投影到 OX 轴的距离,等于空间点 A 到 V 面的距离,即 $aa_x = Aa'$。

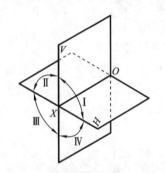

图 2-9　两投影面体系的建立　　　图 2-10　点在第一分角的两面投影

二、点在三投影面体系中的投影

1. 三投影面体系的建立

如图 2-11(a)所示,两投影面体系上再加上一个与 H、V 面均垂直的侧投影面 W,这三个互相垂直的投影面就组成一个三投影面体系。

2. 点的三面投影

空间点 A,分别向 H、V、W 面进行投影得点 a、a'、a''(a'' 为点 A 的侧面投影,用相应小写字母加上两撇来表示)。V 面不动,沿 OY 轴分开 H 面和 W 面,H 面向下转 $90°$,W 面向右转 $90°$,使 H 面、W 面与 V 面共面,即得点的三面投影图。其中 OY 轴一分为二,在 H 面 Y 轴用 OY_H 表示;在 W 面 Y 轴用 OY_W 表示。且存在下述关系:$aa_{Y_H} \perp OY_H$,$a''a_{Y_W} \perp OY_W$,$Oa_{Y_H} = Oa_{Y_W}$。因平面边界可无限延伸,投影面的边界不画。另外,为了作图方便,可过点 O 作 $45°$ 辅助线,aa_{Y_H}、$a''a_{Y_W}$ 的延长线与辅助线可交于一点,如图 2-11(b)所示。

综上所述,可归纳出点在三投影面体系中的投影规律。

(1) 点的正面投影与水平投影的连线垂直于 OX 轴。即 $a'a \perp OX$;点的正面投影与侧面投影的连线垂直于 OZ 轴,即 $a'a'' \perp OZ$。

(2) 点的水平投影到 OX 轴的距离等于点的侧面投影到 OZ 轴的距离。即 $aa_x = a''a_z$。

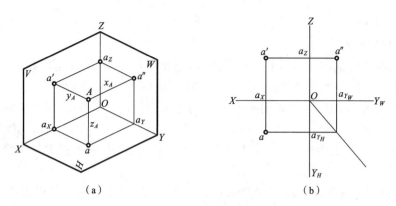

(a)　　　　　　　　　　　　　　(b)

图 2-11　点在三投影面体系中的投影

3. 点的投影与直角坐标之间的关系

如图 2-11(a)所示,在三投影面体系中,三根投影轴可以构成一个空间直角坐标系,点 A 的位置可以用三个坐标值(x_A、y_A、z_A)表示,则点的投影与坐标之间的关系如下。

$$x_A = a'a_Z = aa_{Y_H} = Aa''（点 A 到 W 面的距离）$$

$$y_A = aa_X = a''a_Z = Aa'（点 A 到 V 面的距离）$$

$$z_A = a'a_X = a''a_{Y_W} = Aa（点 A 到 H 面的距离）$$

例 2-1　如图 2-12(a)所示,已知点 A 的水平投影点 a 和正面投影点 a',求作侧面投影点 a''。

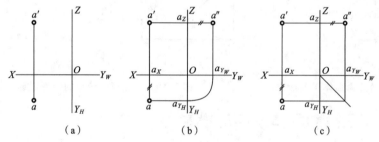

(a)　　　　　　　　(b)　　　　　　　　(c)

图 2-12　根据点的两面投影求第三投影

分析:由于点 A 的正面投影和水平投影已知,点 A 的空间位置可以确定,因此依据点的投影规律可画出侧面投影。

作图:过点 a' 作 $a'a'' \perp OZ$ 交 OZ 轴于点 a_Z,过点 a 作 $aa_{Y_H} // OX$,以点 O 为圆心,Oa_{Y_H} 为半径作圆弧交 OY_W 轴于点 a_{Y_W},过点 a_{Y_W} 作 OZ 轴的平行线,与 $a'a_Z$ 延长线相交于点 a'',如图 2-12(b)所示。或过点 O 作一条 45°的斜线,延长 aa_{Y_H} 与该斜线相交,由交点作 OZ 轴的平行线,与点 $a'a_Z$ 延长线交于点 a'',如图 2-12(c)所示。作图线为细实线。

例 2-2　已知点 A 的坐标(20,0,10),点 B 的坐标(30,10,0),点 C 的坐标(15,0,0),求各点的三面投影。

分析:由于 $y_A = 0$,则点 A 在 V 面上;$z_B = 0$,点 B 在 H 面上;由于 $y_C = 0$,$z_C = 0$,点 C 在 OX 轴上。

作图:

(1) 点 A 在 V 面上,点 A 的水平投影和侧面投影分别在 OX、OZ 轴上。从点 O 分别沿 OX、OZ 轴上量取 $x_A = 20$,$z_A = 10$ 得点 a、a'',分别过点 a、a'' 作所在轴的垂线,相交于 a',点

A 与 a' 重合。

（2）点 B 在 H 面上，点 B 的正面投影和侧面投影分别在 OX、OY_W 轴上。从点 O 分别沿 OX、OY_W 轴上量取 $x_B=30$，$y_B=10$ 得点 b'、b''，过点 b' 作出 OX 轴垂线，过点 b'' 作 Y_W 轴的垂线，与斜线相交，再过交点作 OX 轴平行线，相交于点 b，点 B 与 b 重合。

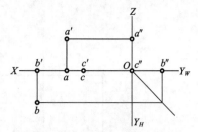

图 2-13　根据点的坐标作出投影

（3）点 C 在 OX 轴上，过点 O 在 OX 轴上量取 $x_C=$ 15，点 C 与点 c'、c 重合在 OX 轴上，点 c'' 与原点 O 重合，如图 2-13 所示。

三、两点的相对位置与重影点

1. 两点的相对位置

根据两点的各个同面投影（即在同一投影面上的投影）之间的坐标关系，可以判断空间两点的相对位置，两点的相对位置是指空间两点上下、前后、左右位置关系。这种位置关系可通过两点同面投影（在同一个投影面上的投影）的相对位置或坐标大小来判断。即

X 坐标大的在左，可判别空间点的左右方向；

Y 坐标大的在前，可判别空间点的前后方向；

Z 坐标大的在上，可判别空间点的上下方向。

V 面投影反映出两点的上下、左右关系；H 面投影反映出两点的左右、前后关系；W 面投影反映出两点的上下、前后关系。

已知空间点 A、B，依据投影图判断它们的相对位置，如图 2-14（a）所示。

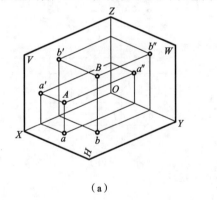

（a）

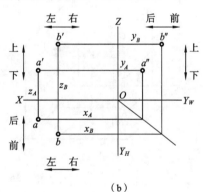

（b）

图 2-14　两点的相对位置

如图 2-14（b）所示，由于 $z_B > z_A$，点 B 在点 A 的上方，两点的上下距离由 z 坐标差确定。同理，可判断点 B 在点 A 的前方、右方。

例 2-3　已知点 B 在点 A 的右方 10 mm，后方 8 mn，上方 15 mm，作点 B 的三面投影，如图 2-15（a）所示。

分析：由于知道点 A 投影已知，点 B 相对点 A 的位置确定，因此，依据点的投影规律可画出点 B 的投影。

作图：

（1）在 OX 轴上，从点 a_X 向右量取 10 mm，得点 b_X；在 OY_H 轴上，从点 a_{Y_H} 向上量取 8 mm，得点 b_{Y_H}；在 OZ 轴上，从点 a_Z 向上量取 15 mm，得点 b_Z。

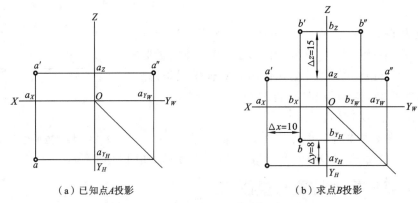

（a）已知点A投影　　　　　　　　　　　（b）求点B投影

图 2-15　根据两点的相对位置求点的投影

（2）分别过点 b_X、b_{Y_H}、b_Z 作 OX、OY_H、OZ 轴的垂线，得点 b、b'。

（3）根据点 b、b'，求得点 b''，如图 2-15（b）所示。

2. 重影点

若空间两点在某个投影面上的投影重合，则将这两点称为对该投影面的重影点。重影点的两对同面坐标相等，如图 2-16（a）所示，点 C、D 是对水平投影面的重影点，$x_C = x_D$，$y_C = y_D$，它们的水平投影点 c、d 重合。由于 $z_C > z_D$，点 C 是可见，点 D 不可见，不可见点的投影加括号，其投影写成点 $c(d)$。同理，点 E、F 的侧面投影重影，其投影写成点 $e''(f'')$，如图 2-16（b）所示。

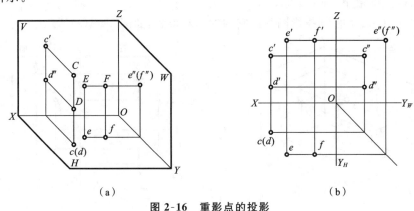

（a）　　　　　　　　　　　　　（b）

图 2-16　重影点的投影

任务2.4　直线的投影

直线的投影可由直线上两点的同面投影来确定，先作出直线上两点的投影，用粗实线连接两点的同面投影就得直线的投影，如图 2-17（a）所示。

一、直线在三投影面体系中的投影特性

在三投影面体系中，依据直线对投影面的相对位置，可将直线分为三类：投影面垂直线、投影面平行线、一般位置直线。投影面垂直线和投影面平行线又称为特殊位置直线。

1. 一般位置直线

与三个投影面都倾斜的直线称为一般位置直线。它与水平投影面、正投影面、侧投影面

的夹角,分别称为该直线对该投影面的倾角,分别用 α、β、γ 表示,如图 2-17(b)所示。

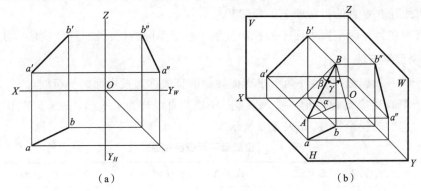

图 2-17　直线的投影

它的投影特性如下。

(1) 三面投影都与投影轴倾斜,长度都小于实长。

(2) 与投影轴的夹角都不反映直线对投影面的倾角。

2. 投影面垂直线

垂直于某一投影面,平行于另两投影面的直线称为投影面的垂直线。

垂直于 V 面的直线称为正垂线,垂直于 H 面的直线称为铅垂线,垂直于 W 面的直线称为侧垂线。它们的投影特性,如表 2-1 所示。

表 2-1　投影面垂直线的投影特性

名称	正垂线($AB \perp V$ 面)	铅垂线($AB \perp H$ 面)	侧垂线($AB \perp W$ 面)
立体图			
投影图			
投影特性	(1) $a'b'$ 积聚为一点; (2) $ab \perp OX$,$a''b'' \perp OZ$,ab、$a''b''$ 均反映实长	(1) ab 积聚为一点; (2) $a'b' \perp OX$,$a''b'' \perp OY_W$,$a'b'$、$a''b''$ 均反映实长	(1) $a''b''$ 积聚为一点; (2) $a'b' \perp OZ$,$ab \perp OY_H$,ab、$a'b'$ 均反映实长

归纳表 2-1 内容,可概括出投影面垂直线的投影特性如下。

(1)直线在其垂直的投影面上的投影积聚成一点。

(2)直线在另外两个投影面上的投影分别垂直于不同的投影轴,且反映该直线的实长。

3. 投影面平行线

平行于某一投影面,与另外两个投影面倾斜的直线称为投影面的平行线。

平行于 V 面的直线称为正平线,平行于 H 面的直线称为水平线,平行于 W 面的直线称为侧平线。它们的投影特性,如表 2-2 所示。

表 2-2 投影面平行线的投影特性

名称	正平线(AB // V 面)	水平线(AB // H 面)	侧平线(AB // W 面)
立体图	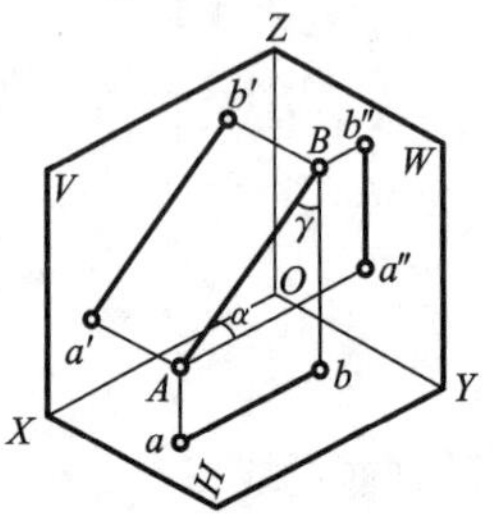	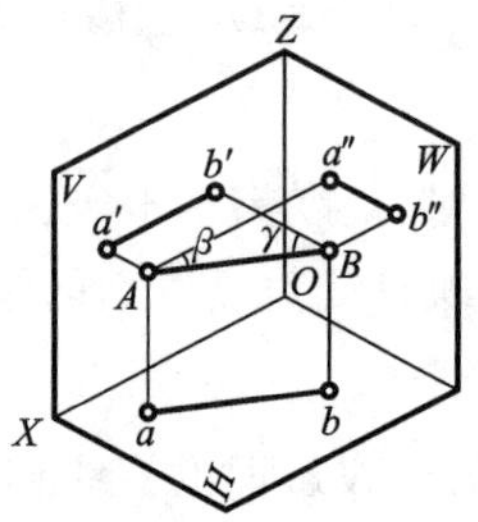	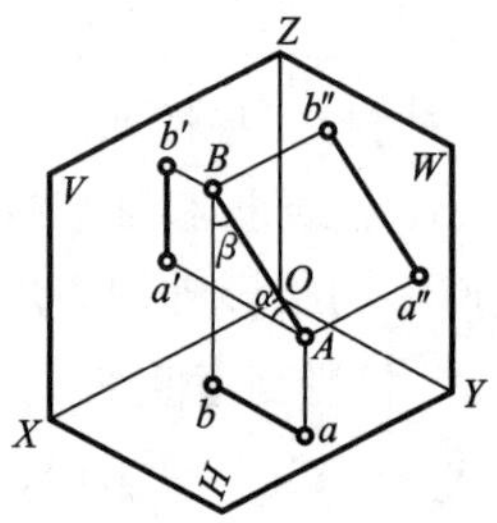
投影图	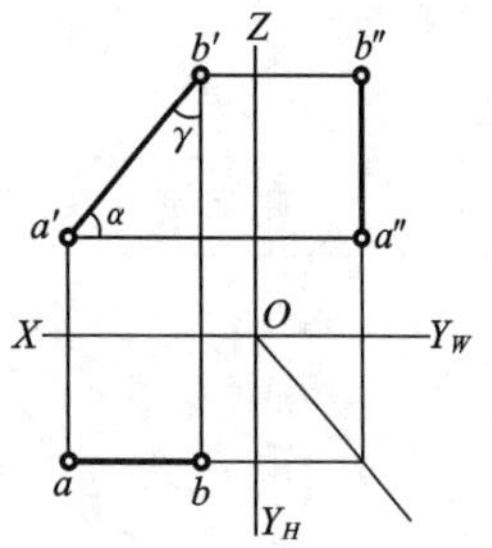	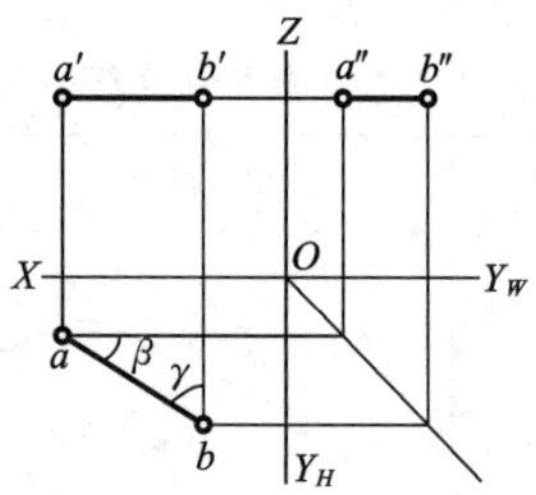	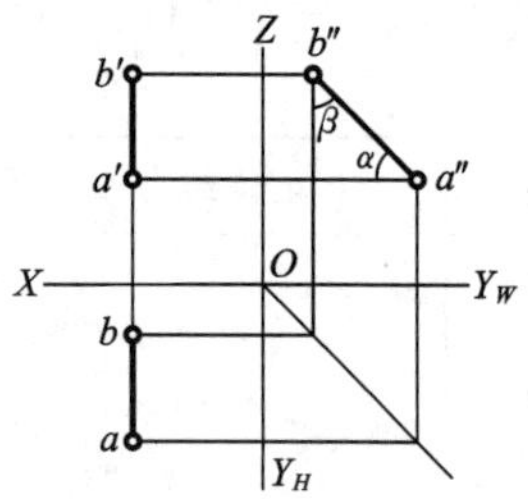
投影特性	(1)$a'b'$反映实长,$a'b'$与 OX 轴、OZ 轴的夹角分别反映倾角 α、γ; (2)ab // OX,$a''b''$ // OZ,ab、$a''b''$均小于实长	(1)ab 反映实长,ab 与 OX 轴、OY_H 轴的夹角分别反映倾角 β、γ; (2)$a'b'$ // OX,$a''b''$ // OY_W,$a'b'$、$a''b''$均小于实长	(1)$a''b''$反映实长,$a''b''$与 OY_W 轴、OZ 轴的夹角分别反映倾角 α、β; (2)$a'b'$ // OZ,ab // OY_H,ab、$a'b'$均小于实长

归纳表 2-2 内容,可概括出投影面平行线的投影特性如下。

(1)直线在其平行的投影面上的投影反映实长;其投影与投影轴的夹角分别反映直线对另两投影面的真实倾角。

(2)直线在另外两个投影面上的投影分别平行于不同的投影轴,长度缩短。

4. 一般位置直线的实长及其对投影面的倾角

一般位置直线的三个投影,既不反映直线的实长,也不反映其对投影面的真实倾角。通常用直角三角形法根据一般位置直线的投影图求其实长及对投影面的倾角。

如图 2-18(a)所示,直线 AB 为一般位置直线,过点 B 作 BA_1 // ba,构建直角 $\triangle ABA_1$。直线 AB 反映实长;$BA_1=ba$,$AA_1=z_A-z_B$(点 A 和点 B 的 z 坐标差),也是投影点 a'、b' 到

X 轴的距离差,$\angle ABA_1$ 为直线 AB 对 H 面的倾角 α。如图 2-18(b)所示,以 ab 为一直角边,$aa_1 = z_A - z_B$ 为另一直角边,作直角 $\triangle aba_1$,则 $\triangle ABA_1 \cong \triangle aba_1$,斜边 a_1b 为 AB 的实长,$\angle aba_1 = \alpha$。

同理,过点 B 作 $BB_1 \parallel a'b'$,构建直角 $\triangle ABB_1$。直角边 $BB_1 = b'a'$,$AB_1 = y_A - y_B$(点 A 和点 B 的 y 坐标差),也是投影点 a、b 到 X 轴的距离差,$\angle ABB_1$ 为直线 AB 对 V 面的倾角 β。如图 2-18(c)所示,以 $a'b'$ 为一直角边,$a'b_1' = y_A - y_B$ 为另一直角边,作直角 $\triangle a'b'b_1'$,则 $\triangle ABB_1 \cong \triangle a'b'b_1'$,斜边 $b'b_1'$ 为线段 AB 的实长,$\angle a'b'b_1'$ 为 β。两种方法所求实长一样,只是反映的倾角不同。

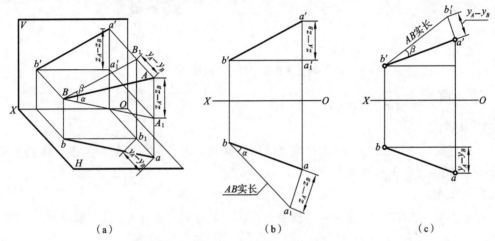

图 2-18 求一般位置线段的实长及倾角 α、β

例 2-4 如图 2-19(a)所示,已知直线 AB 的水平投影 ab 和点 B 的正面投影点 b',且 AB 的实长为 L,求 AB 的正面投影 $a'b'$。

分析:由于 ab 与 OX 轴倾斜,且小于已知实长 l,所求直线为一般位置直线。

作图:以 ab 为直角边,$bc = l$ 为斜边,作一直角 $\triangle abc$,ac 即为点 A、B 的 z 坐标差,从而求得点 a',连接 $a'b'$ 即为直线 AB 的正面投影,如图 2-19(b)所示。本题有两解。

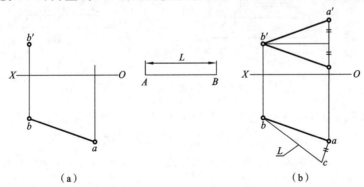

图 2-19 求直线 AB 的正面投影 $a'b'$

例 2-5 例 2-4 改为已知直线 AB 的水平投影 ab、点 B 的正面投影 b' 及 $\alpha = 30°$,求直线 AB 的正面投影 $a'b'$,如图 2-20(a)所示。

分析:已知 ab 及倾角 α,可作出以 ab 为一直角边的直角三角形,另一直角边即为点 A、B 的 z 坐标差。

作图：以 ab 为直角边作一直角 $\triangle abc$，使 $\angle abc = 30°$，另一直角边 ac 为 A、B 两点的 z 坐标差，用 z 坐标差求出 a'，如图 2-20(b)所示。本题有两解。

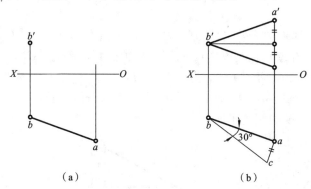

（a）　　　　　　　（b）

图 2-20　求直线 AB 的正面投影 $a'b'$

二、直线上的点

1. 从属性

点在直线上，则点的各个投影在该直线的同面投影上，反之，点的各个投影在直线的同面投影上，则该点一定在直线上。

2. 定比性

点 C 在直线 AB 上，则点 C 的三面投影点 c、c'、c'' 分别在直线 AB 的同面投影 ab、$a'b'$、$a''b''$ 上，且有 $AC:CB = ac:cb = a'c':c'b' = a''c'':c''b''$，如图 2-21 所示。

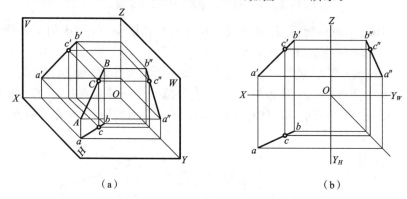

（a）　　　　　　　（b）

图 2-21　直线上点的投影

例 2-6　如图 2-22(a)所示，已知点 K 在直线 AB 上，求点 K 的正面投影点 k'。

分析：点 K 的正面投影 k' 一定在 $a'b'$ 上，这里采用定比性来作图。

作图：过点 b' 作直线长为 ab'，在 ab' 上定出点 k，连接 aa'，过点 k 作 aa' 的平行线求得点 k'，如图 2-22(b)所示。

例 2-7　已知直线 AB 的投影，试将 AB 分成 $2:3$ 两段，求分点 C 的投影，如图 2-23 所示。

分析：根据直线上点的投影特性，可先将直线 AB 的任一投影分为 $2:3$，从而得到分点 C 的一个投影，然后作点 C 的另一投影。

作图：过点 a 作辅助线，量取 5 个单位长度，得点 b_0。在 ab_0 上取点 c_0，使 $ac_0:c_0b_0 = 2:3$。

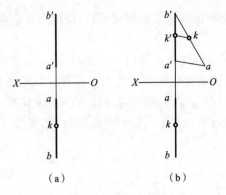

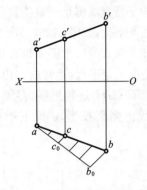

图 2-22　求直线上点的投影

图 2-23　求直线 AB 上的分点 C

连接 b_0b，作 $c_0c \mathbin{/\!/} b_0b$ 与 ab 交于点 c。过点 c 作 OX 轴垂线与 $a'b'$ 交于点 c'。

3. 判断点是否在直线上

对于一般位置直线判别点是否在直线上，只需判断两个投影面上的投影即可。若直线为投影面平行线，一般需观察第三个投影才能确定。如图 2-24(a)所示，AB 是侧平线，点 M 的水平投影点 m 和正面投影点 m' 都在 AB 的同面投影上，要判定点 M 是否在直线 AB 上，需作出它的侧面投影点 m''，因点 m'' 不在 $a''b''$ 上，所以，点 M 不在直线 AB 上，如图 2-24(b)所示。

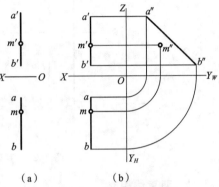

图 2-24　判断点是否在直线上

三、两直线的相对位置

空间两直线的相对位置有平行、相交、交叉三种情况。

1. 两直线平行

若空间两直线平行，则它们的同面投影互相平行，如图 2-25(a)所示。由于 $AB \mathbin{/\!/} CD$，则 $ab \mathbin{/\!/} cd$，$a'b' \mathbin{/\!/} c'd'$，$a''b'' \mathbin{/\!/} c''d''$。反之，如果两直线三个投影面的同面投影都互相平行，则两直线在空间互相平行。

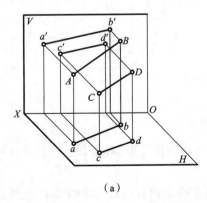

图 2-25　两直线平行

如果两平行直线都是一般位置直线,只要任意两组同面投影相互平行,就能判定这两条直线在空间相互平行,如图 2-25(b)所示。

若已知两条直线两个同面投影相互平行,且两直线是投影面的平行线时,则不能判定这两条直线在空间一定平行,通常应求出第三投影,才能确定这两条直线是否平行。如图 2-26(a)所示,直线 EF、GH 是侧平线,尽管 $e'f' \parallel g'h'$,$ef \parallel gh$,不能判定直线 EF、GH 相互平行。求出两直线的侧面投影,$e''f''$ 不平行于 $g''h''$,故 EF 与 GH 在空间不平行,如图 2-26(b)所示。

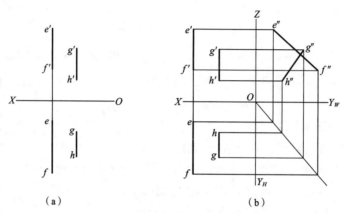

(a)   (b)

图 2-26　判断直线 EF 与直线 GH 是否平行

2. 两直线相交

空间两直线若相交,它们的同面投影相交,且交点的投影符合点的投影规律。

如图 2-27(a)所示,AB 与 CD 相交,交点为 K,则 ab 与 cd、$a'b'$ 与 $c'd'$、$a''b''$ 与 $c''d''$ 分别交于点 k、k'、k'',交点 K 符合点的投影规律。反之,两直线在投影图上的各组同面投影均相交,且交点符合点的投影规律,则两直线在空间相交。

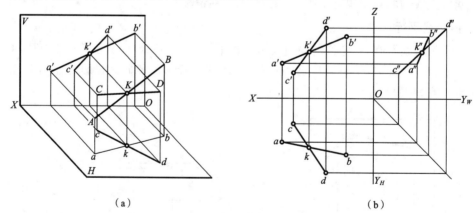

(a)   (b)

图 2-27　两直线相交

若两直线都是一般位置直线,只要根据任意两组同面投影,就能判定两直线在空间是否相交,如图 2-27(b)所示。

当两条直线中有一条是投影面平行线时,通常检查两直线在三个投影面上交点的投影是否符合点的投影规律,才能确定这两条直线在空间是否相交。

如图 2-28(a)所示，直线 CD 为一般位置直线，直线 AB 为侧平线。尽管 $a'b'$ 与 $c'd'$、ab 与 cd 相交，交点投影点 k' 和点 k 的连线垂直于 OX 轴，但作出侧面投影后，交点的投影不符合点的投影规律，则两直线在空间不相交，如图 2-28(b)所示。

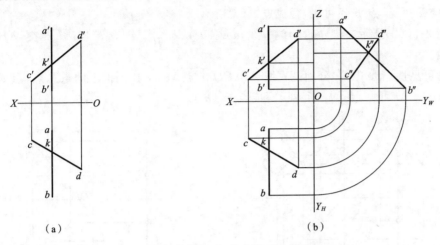

| （a） | （b） |

图 2-28　判断直线 AB 与直线 CD 是否相交

3. 两直线交叉

既不平行又不相交的两直线称为交叉直线。交叉两直线的投影可能是相交，但交点一定不符合点的投影规律，如图 2-29 所示。

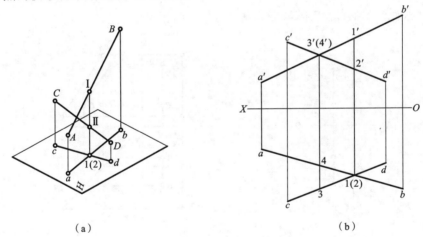

| （a） | （b） |

图 2-29　两直线交叉及重影点分析

1）两一般位置直线交叉的投影及重影点分析

如图 2-29(a)所示，直线 AB、CD 水平投影的交点 $1(2)$，实际上是直线 AB 上的点Ⅰ和直线 CD 上的点Ⅱ的重影。

判别可见性：由正面投影点 $1'$、$2'$ 可知，点Ⅰ在上，点Ⅱ在下，点Ⅰ可见，点Ⅱ不可见，其投影写成点 $1(2)$。同理，$3'(4')$ 是直线 AB 上的点Ⅳ和直线 CD 上的点Ⅲ的重影点。由水平投影点 3、4 可知，点Ⅲ在前，点Ⅳ在后，正面投影写成点 $3'(4')$，如图 2-29(b)所示。

2）含投影面平行线的两交叉直线投影及重影点分析

如图 2-30(a)所示，直线 AB、CD 的正面投影和水平投影相交，交点连线垂直 OX 轴，

直线 AB 是侧平线,侧面投影也相交,交点不符合点的投影规律,故 AB、CD 为交叉两直线。

判别可见性:点 $e''(f'')$ 分别是直线 CD、AB 上点 E、F 在侧面上的重影点,点 E 在左,点 F 在右,点 E 可见,点 F 不可见,写成点 $e''(f'')$。

如图 2-30(b)所示,AB、CD 为侧平线,$ab /\!/ cd$,$a'b' /\!/ c'd'$,$a''b''$ 与 $c''d''$ 相交,AB、CD 为交叉直线。

判别可见性:点 $m''(n'')$ 分别是直线 AB、CD 上点 M、N 在侧面上的重影点,点 M 在左,点 N 在右,点 M 可见,点 N 不可见,写成点 $m''(n'')$。

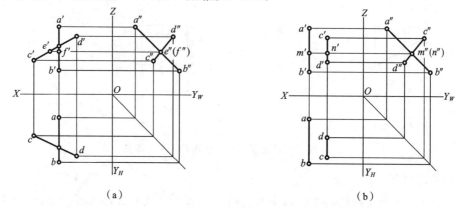

（a）　　　　　　　　　　　　（b）

图 2-30　含投影面平行线两交叉直线的投影及重影点分析

例 2-8　如图 2-31(a)所示,判断直线 AB、CD 的相对位置。

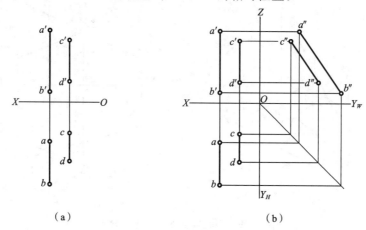

（a）　　　　　　　　　　　　（b）

图 2-31　判断两直线的相对位置

分析:作出侧面投影 $a''b''$ 和 $c''d''$,若 $a''b'' /\!/ c''d''$,则 $AB /\!/ CD$;反之,则直线 AB、CD 交叉。

作图:因 $a''b'' /\!/ c''d''$,可判断 $AB /\!/ CD$,如图 2-31(b)所示。

例 2-9　如图 2-32(a)所示,已知直线 AB、CD 的两面投影和点 E 的水平投影点 e,求作直线 EF 与直线 CD 平行,并与直线 AB 相交于点 F。

分析:所求直线 EF 同时满足 $EF /\!/ CD$,且与 AB 相交这两个条件。

作图:过点 e 作 $ef /\!/ cd$ 交 ab 于点 f,由线上点的投影规律求出点 f'。过点 f' 作 $e'f' /\!/ c'd'$,如图 2-32(b)所示。

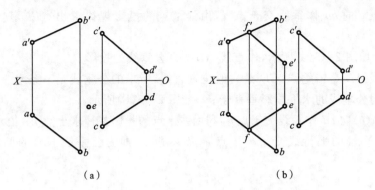

（a）　　　　　　　　（b）

图 2-32　作直线 EF 与直线 CD 平行且与直线 AB 相交

四、直角投影定理

空间两直线垂直相交，若其中一直线为投影面平行线，则两直线在该投影面上的投影互相垂直，此投影特性称为直角投影定理。反之，相交两直线在某一投影面上的投影互相垂直，其中有一直线为该投影面的平行线，则这两直线在空间互相垂直。该定理同样适用于垂直交叉直线。

证明：如图 2-33（a）所示，直线 AB、BC 垂直相交，其中直线 $BC /\!/ H$ 面，因 $BC \perp AB$，$BC \perp Bb$，所以 BC 垂直于平面 $ABba$。又因 $BC /\!/ H$ 面，即 $BC /\!/ bc$，所以 bc 也垂直于平面 $ABba$，则 $bc \perp ab$，如图 2-33（b）所示，水平投影 $\angle abc$ 为直角。同理，直线 DE 为正平线，当空间 $\angle DEF$ 为直角时，正面投影 $\angle d'e'f'$ 为直角。

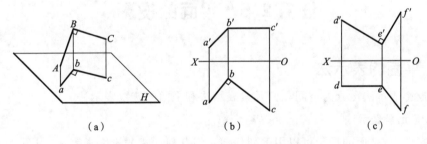

（a）　　　　　　　　（b）　　　　　　　　（c）

图 2-33　一边平行于投影面的直角投影

例 2-10　如图 2-34（a）所示，过点 C 作直线 CD 与直线 AB 垂直相交。

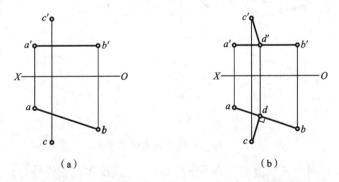

（a）　　　　　　　　（b）

图 2-34　求作过点 C 作直线 CD 与直线 AB 垂直相交

分析：直线 AB 是水平线，直线 CD 与直线 AB 垂直相交，根据直角投影定理作图。

作图:过点 c 向 ab 作垂线交于点 d,由线上点的投影规律求出点 d',连接 $c'd'$,如图 2-34(b)所示。

例 2-11 如图 2-35(a)所示,作直线 AB、CD 公垂线的投影。

分析:直线 AB 是铅垂线,CD 是一般位置直线,所求的公垂线是一条水平线,根据直角投影定理,可得公垂线的水平投影垂直于 cd,如图 2-35(b)所示。

作图:过 $a(b)$ 向 cd 作垂线交于点 k,利用线上点的投影规律求出点 k',由水平线投影规律,过点 k' 作 X 轴的平行线交 $a'b'$ 于点 e',$k'e'$ 和 ke 即为公垂线 KE 的两面投影,如图 2-35(c)所示。

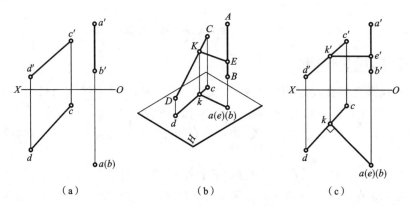

（a）　　　　　　（b）　　　　　　（c）

图 2-35　求作直线 AB、CD 公垂线的投影

◀ 任务2.5　平面的投影 ▶

一、平面的表示法

平面投影表示法可分为空间几何元素表示法和平面的迹线表示法。

1. 几何元素表示法

在投影图上,平面的投影可以用下列任何一组几何元素的投影来表示,如图 2-36 所示。

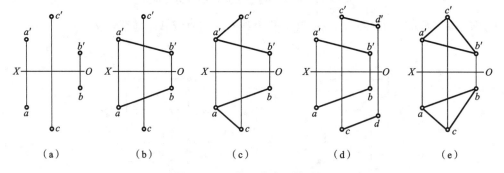

（a）　　　　（b）　　　　（c）　　　　（d）　　　　（e）

图 2-36　几何元素表示的平面

图 2-36(a)不在同一直线上的三点;图 2-36(b)一直线和该直线外一点;图 2-36(c)相交两直线;图 2-36(d)平行两直线;图 2-36(e)任意平面图形(如三角形)。这五组几何元素都表示同一平面,它们之间是可以相互转换的。

2. 迹线表示法

除了用空间几何元素表示平面外,有时也利用平面与投影面的交线(即平面的迹线)来表示平面。如图 2-37 所示,一般位置平面 P 与 H 面的交线称为水平迹线,以 P_H 表示;与 V 面的交线称为正面迹线,以 P_V 表示;与 W 面的交线称为侧面迹线,以 P_W 表示。P_H、P_V、P_W 与相应的投影轴交于三个集合点 P_X、P_Y、P_Z。

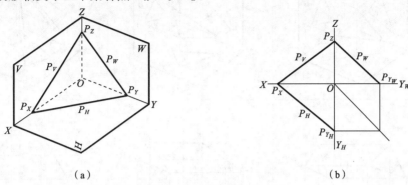

图 2-37   迹线表示的平面

二、各种位置平面的投影特性

根据平面在三投影面体系中的位置不同可将平面分三类:投影面垂直面、投影面平行面和一般位置平面。投影面平行面和投影面垂直面又称为特殊位置平面。

1. 一般位置平面

与三个投影面均倾斜的平面,称为一般位置平面,如图 2-38 所示。

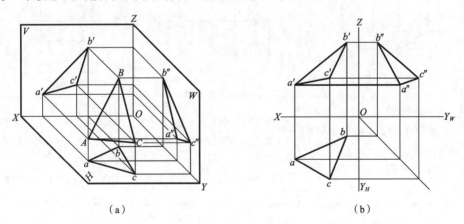

图 2-38   一般位置平面

它的投影特性:三个投影均为类似形,面积比实形小。

2. 投影面垂直面

垂直于某一投影面,与另两个投影面倾斜的平面称为投影面垂直面,它们与水平投影面、正投影面、侧投影面的夹角,称为平面对该投影面的倾角,分别用 α、β、γ 表示,如表 2-3 投影图所示。垂直于 V 面的称为正垂面;垂直于 H 面的称为铅垂面;垂直于 W 面的称为侧垂面。它们的投影特性如表 2-3 所示。

表 2-3 投影面垂直面的投影特性

名称	铅垂面	正垂面	侧垂面
立体图			
投影图			
迹线投影图			
投影特性	(1) abc 积聚为一直线。它与 OX 轴、OY_H 轴的夹角分别反映 β、γ 角； (2) $\triangle a'b'c'$、$\triangle a''b''c''$ 为类似形	(1) $a'b'c'$ 积聚为一直线。它与 OX 轴、OZ 轴的夹角分别反映 α、γ 角； (2) $\triangle abc$、$\triangle a''b''c''$ 为类似形	(1) $a''b''c''$ 积聚为一直线。它与 OY_W 轴、OZ 轴的夹角分别反映 α、β 角； (2) $\triangle a'b'c'$、$\triangle abc$ 为类似形

综上所述,投影面垂直面的投影特性如下。

(1) 平面在其垂直的投影面上的投影积聚成一直线;该直线与两投影轴的夹角反映了平面对另两投影面的夹角。

(2) 平面在另两投影面上,其投影为类似形。

3. 投影面平行面

平行于某一投影面,垂直于另两投影面的平面称为投影面平行面。平行于 V 面的称为正平面;平行于 H 面的称为水平面;平行于 W 面的称为侧平面。它们的投影特性如表 2-4 所示。

表 2-4　投影面平行面的投影特性

名称	水平面	正平面	侧平面
立体图	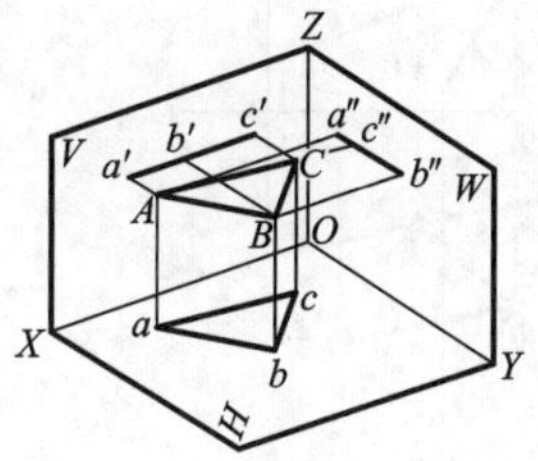	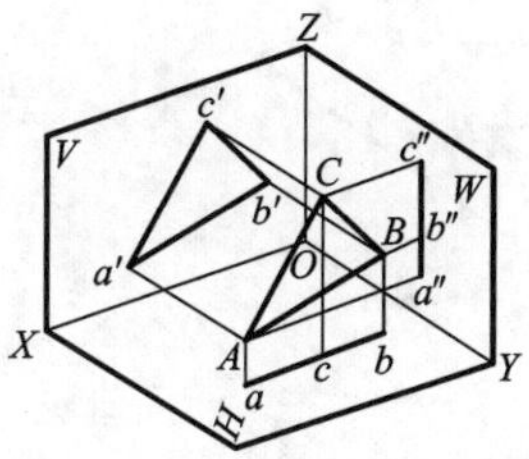	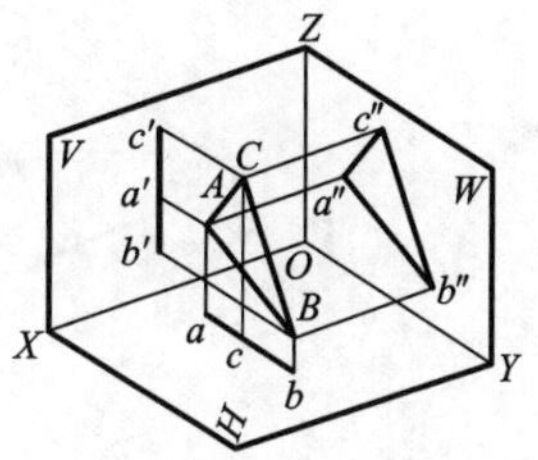
投影图	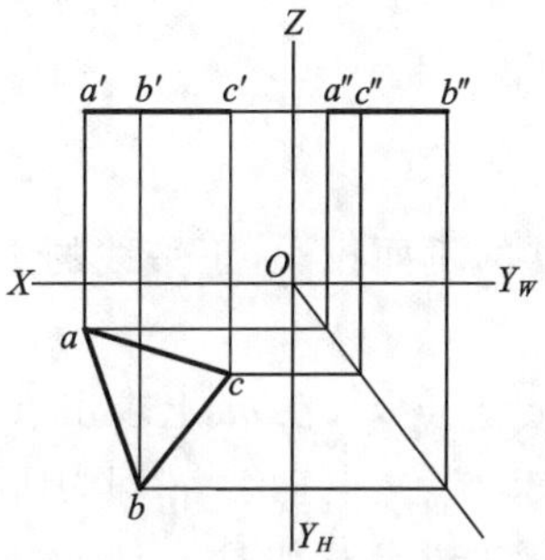	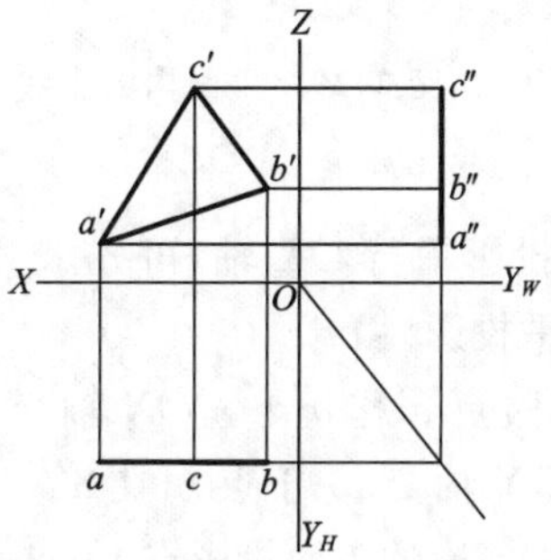	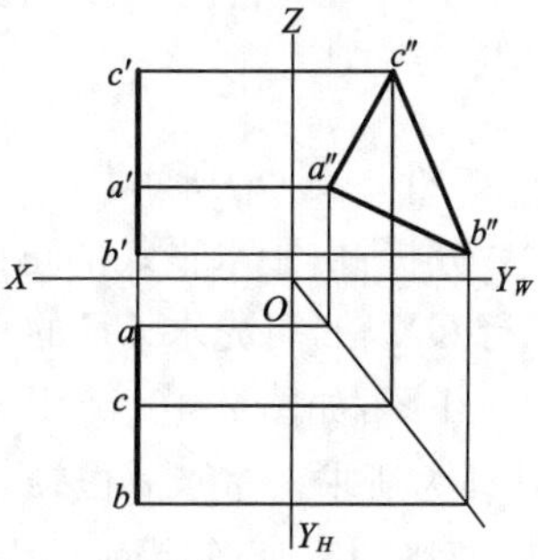
迹线投影图	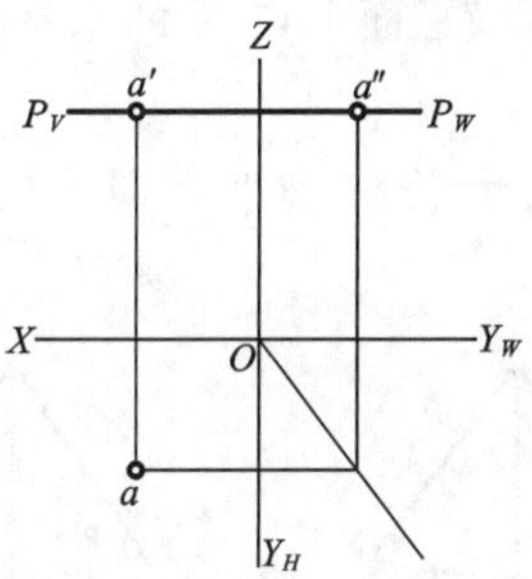	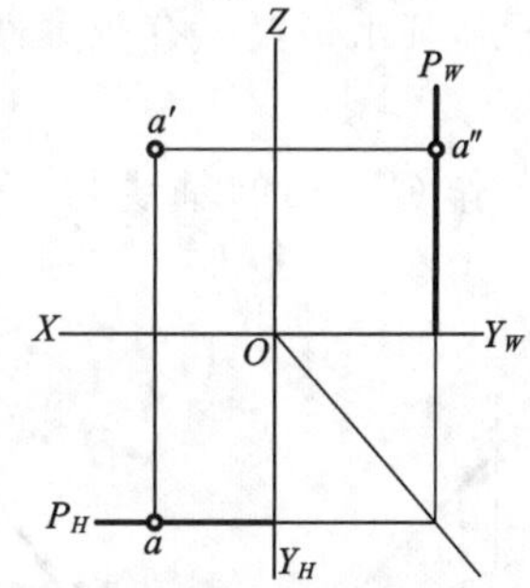	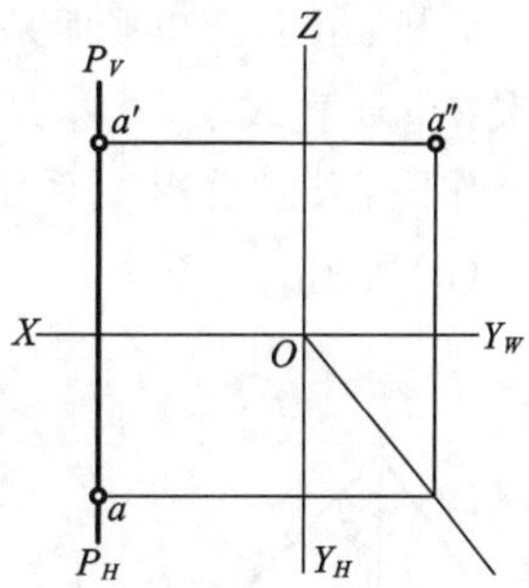
投影特性	(1) △abc 反映实形； (2) $a'b'c'$ // OX、$a''b''c''$ // OY_W，且具有积聚性	(1) △$a'b'c'$ 反映实形； (2) abc // OX、$a''b''c''$ // OZ，且具有积聚性	(1) △$a''b''c''$ 反映实形； (2) abc // OY_H、$a'b'c'$ // OZ，且具有积聚性

综上所述，投影面平行面的投影特性如下。

(1) 平面在其平行的投影面上的投影反映实形。

(2) 平面在另两投影面上的投影均积聚成直线，且平行于不同的投影轴。

三、平面内的点和直线

(1) 平面内点的几何条件：若点在平面内一直线上，则点在该平面上。

(2) 平面内直线的几何条件：直线过平面内的两个点，则直线在该平面内；直线通过平面上一点且平行于平面内的另一直线，则直线在该平面内，如图 2-39 所示。

(3) 平面上求取点和直线的方法：取点，先作过该点属于平面内的直线；取线，先作属于平面上的两点。

例 2-12　已知△ABC 的两面投影，作出△ABC 上水平线 AD 和正平线 CE 的两面投

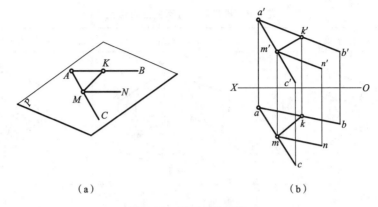

（a）   （b）

图 2-39   平面内的直线

影,如图 2-40(a)所示。

分析:由于水平线的正面投影平行 OX 轴,可先求 AD 的正面投影,正平线的水平投影平行 OX 轴,可先求 CE 的水平投影。

作图:如图 2-40(b)所示,过点 a' 作 $a'd'\ /\!/\ OX$ 轴交 $b'c'$ 于点 d',在 bc 上求出点 d,连接 ad 即为所求。过点 c 作 $ce\ /\!/\ OX$ 轴交 ab 于点 e,在 $a'b'$ 上求出点 e',连接 $c'e'$ 即为所求。

例 2-13   已知铅垂面上一点 K 的正面投影点 k',求水平投影点 k,如图 2-41(a)所示。

分析:由于已知平面是铅垂面,其水平投影有积聚性,所以平面上点 K 的水平投影一定积聚在 abc 直线上。

作图:根据投影关系由点 k' 作 OX 轴的垂线与 abc 交于点 k,则点 k 即为所求,如图 2-41(b)所示。

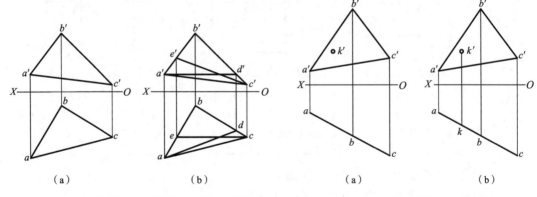

（a）   （b）   （a）   （b）

图 2-40   求平面内的水平线和正平线的投影   图 2-41   求铅垂面上点的投影

例 2-14   如图 2-42(a)所示,判别点 E 是否在平面 $\triangle ABC$ 内,并作出 $\triangle ABC$ 平面内点 F 的正投影。

分析:判别点是否在平面上和求平面上点的投影,可利用取点先找属于平面内一条直线的方法来解题。

作图:连接 $a'e'$ 并延长交 $b'c'$ 于点 $1'$,作出点 I 的水平投影点 1,A I 为 $\triangle ABC$ 平面内的直线,点 e 不在 $a1$ 上,所以,点 E 不在 $\triangle ABC$ 平面上。点 F 在 $\triangle ABC$ 平面上,连接 af 交 bc 于点 2,作出点 II 的正面投影点 $2'$,连接 $a'2'$ 并延长与过点 f 作 X 轴垂线交于点 f',如图 2-42(b)所示。

注意：判断点是否在平面内，不能仅看点的投影是否在平面的投影轮廓线内，一定要用几何条件和投影特性来判断。

例 2-15　完成平面图形 $ABCDE$ 的正面投影，如图 2-43(a)所示。

分析：已知三点 A、B、C 的正面投影和水平投影，E、D 两点在△ABC 平面上，故利用面上取点先作直线的方法求出点 e'、d' 即可。

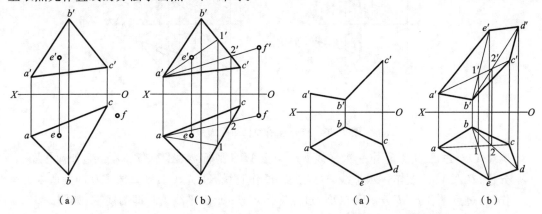

図 2-42　平面上的点　　　　　図 2-43　完成平面图形的投影

作图：连接 $a'c'$、ac、be，使 be 交 ac 于点 1，求出点 1 的正面投影点 $1'$，连接 $b'1'$ 并延长与过点 e 作的 OX 轴垂线交于点 e'。同理，求△ABC 上一点 F 的正面投影点 f'。依次用粗实线连接点 c'、d'、e'、a' 得平面图形 $ABCDE$ 的正面投影，如图 2-43(b)所示。

四、直线与平面及两平面的相对位置

直线与平面及两平面间的相对位置可分为：平行、相交和垂直(垂直是相交的特例)。

1. 平行问题

1）直线与平面平行

直线与平面平行的几何条件：若直线平行于平面上一直线，则直线与该平面平行，如图 2-44 所示；若直线与投影面垂直面平行，则该垂直面具有积聚性的投影与直线的投影平行，如图 2-45 所示。

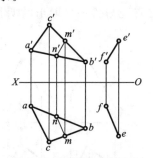

图 2-44　直线与平面平行

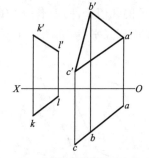

图 2-45　直线与投影面垂直面平行

例 2-16　已知直线 KL∥△ABC 及 KL 的正面投影 $k'l'$ 和点 K 的水平投影点 k，求 KL 的水平投影 kl，如图 2-46(a)所示。

分析：直线 KL∥△ABC，在△ABC 上任作一条直线，使之与 KL 平行，则这条直线的水平投影必与 kl 平行。

作图:过点 a' 作 $a'd'\parallel k'l'$ 交 $b'c'$ 于点 d',按投影关系在 bc 上求出点 d,连接 ad。过点 k 作 $kl\parallel ad$, kl 即为所求的水平投影,如图 2-46(b)所示。

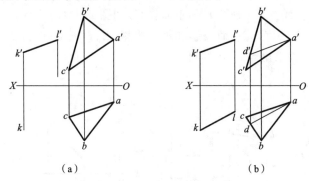

（a）　　　　　　　　　（b）

图 2-46　作一直线和已知平面平行

例 2-17　过已知点 K 作一水平线 KL 与△ABC 平行,如图 2-47(a)所示,如何作图?
分析:在△ABC 上作一水平线 AD,过点 K 作直线 $KL\parallel AD$,则直线 KL 即为所求。
作图:过点 k' 作 $a'd'\parallel k'l'\parallel OX$,过点 k 作 $kl\parallel ad$,水平线 KL 即为所求,如图 2-47(b)所示。

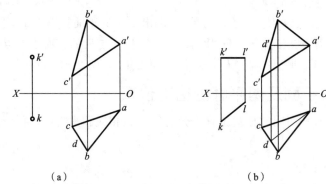

（a）　　　　　　　　　（b）

图 2-47　作一水平线和已知平面平行

2）两平面平行

两平面平行的几何条件是:若一平面上的两相交直线与另一平面上的两相交直线相互平行,则两个平面相互平行,如图 2-48 所示。

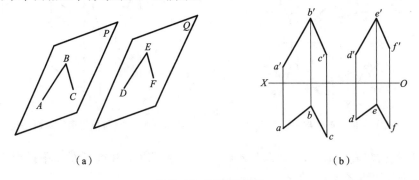

（a）　　　　　　　　　（b）

图 2-48　两平面平行

若两投影面垂直面相互平行,它们具有积聚性的那组投影相互平行,如图 2-49 所示。

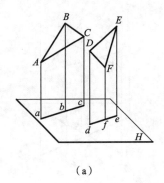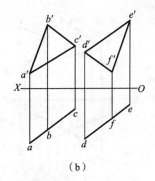

（a） （b）

图 2-49 有积聚性的两平面相互平行

例 2-18 过点 K 作一平面与△ABC 平行,如图 2-50(a)所示。

分析:由平面平行的几何条件,过点 K 作相交直线与△ABC 上的两相交直线平行即可。

作图:过点 k' 作 $k'm' /\!/ a'b'$,$k'n' /\!/ a'c'$,过点 k 作 $km /\!/ ab$ 和 $kn /\!/ ac$。相交两直线 KM 和 KN 所确定的平面即为所求,如图 2-50(b)所示。

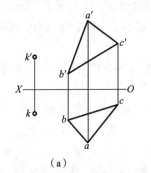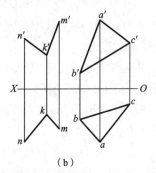

（a） （b）

图 2-50 作一平面和△ABC 平行

2. 相交问题

1）直线与平面相交

直线与平面相交,交点是直线与平面的共有点。下面介绍求交点投影的方法。

（1）一般位置直线与特殊位置平面相交。当特殊位置平面其中一投影具有积聚性时,交点的投影必在平面积聚性投影上,利用这一特性可以求出交点的投影,并判别可见性。判断可见性的方法有目测法和重影点法。

例 2-19 如图 2-51(a)所示,求直线 BC 与铅垂面△EFG 的交点,并判别可见性。

分析:因铅垂面△EFG 的水平投影有积聚性,交点 K 的水平投影 k 为 bc 和 efg 的交点,利用直线上点的投影特性求出点 k',点 k' 是 $b'c'$ 可见段与不可见段的分界点。

作图:过点 k 作 OX 轴的垂线交 $b'c'$ 于点 k' 得点 K 的正面投影。

判别可见性如下。

目测法判别可见性:假设平面是不透明的,由于交点 K 把直线 BC 分成两部分,有一部分被平面遮住看不见,由直线 BC 和铅垂面△EFG 的水平投影可知:CK 位于铅垂面△EFG 右前方,因此 $c'k'$ 可见,画成粗实线;$b'k'$ 在△$e'f'g'$ 内的部分不可见,画成细虚线。

重影点法判别可见性:如图 2-51(b)所示,正面投影中点 $1'(2')$ 是直线 BC 上的点Ⅰ和铅垂面△EFG 内 EG 边上点Ⅱ的重影。由水平投影可知点 1 在点 2 的前方,直线ⅠK 可见,$1'k'$ 画粗实线,$b'k'$ 在△$e'f'g'$ 内的部分不可见,画成细虚线。

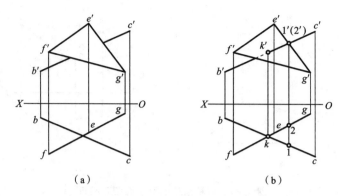

图 2-51 求一般位置直线与铅垂面的交点

（2）投影面垂直线与一般位置平面相交。当直线是投影面垂直线时，可利用直线投影的积聚性求交点。

例 2-20 求正垂线 EF 与 $\triangle BCD$ 的交点 K，并判别可见性，如图 2-52(a)所示。

分析：直线 EF 是正垂线，其正面投影具有积聚性，交点 K 是直线 EF 上的一个点，所以点 K 的正面投影点 k' 和 $e'(f')$ 重影，因交点 K 也在 $\triangle BCD$ 上，故可利用平面上取点的方法，作出交点 K 的水平投影点 k。

作图：连接 $d'k'$ 并延长与 $b'c'$ 交于点 m'；过点 m' 作 OX 轴垂线交 bc 于点 m，连接 dm 与 ef 交于点 k 即为所求，如图 2-52(b)所示。

判别可见性：如图 2-52(b)所示，直线 EF 和 $\triangle BCD$ 的三边都交叉，取水平投影面的重影点 Ⅰ（在直线 EF 上）和点 Ⅱ（在直线 CD 上）的水平投影点 2(1)，其正面投影点 $2'$ 在点 $1'$ 的上方，则点 Ⅱ 可见，点 Ⅰ 不可见，则直线 EF 上的 Ⅰ K 段位于 $\triangle BCD$ 下方，水平投影不可见，$1k$ 画细虚线，交点 K 另一侧直线 KF 位于 $\triangle BCD$ 上方，其水平投影可见，kf 画粗实线。交点 K 的正面投影点 k' 不可见。

2）平面与平面相交

平面与平面相交，交线是相交两平面的共有线，交线上的点都是相交两平面的共有点，因此只要能够确定交线上两个共有点，或者一个共有点和交线方向，即可作出两平面的交线。

（1）两特殊位置平面相交。

例 2-21 求铅垂面 $\triangle ABC$ 与铅垂面 $\triangle DEF$ 的交线 MN，并判别可见性，如图 2-53(a)所示。

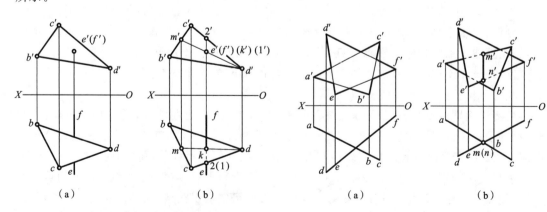

图 2-52 求正垂线与一般位置平面的交点   图 2-53 求两铅垂面的交线

分析:因为两个平面都是铅垂面,所以交线为铅垂线,水平投影积聚为点,正面投影垂直于 OX 轴。

作图:如图 2-53(b)所示,定出交线 MN 的水平投影 $m(n)$;过 $m(n)$ 作 OX 轴垂线,在两个三角形正面投影相重合部分作出 $m'n'$,就得到交线 MN 的正面投影。

判别可见性:如图 2-53(b)所示,从水平投影可看出:在交线 MN 的左侧,$\triangle DEF$ 在 $\triangle ABC$ 的前方,故 $\triangle d'e'f'$ 在 $m'n'$ 左侧可见,而 $\triangle a'b'c'$ 在 $m'n'$ 左侧的 $\triangle d'e'f'$ 范围内不可见,右侧则相反。

(2) 特殊位置平面与一般位置平面相交。

例 2-22 如图 2-54(a)所示,求铅垂面 $\triangle DEF$ 与一般位置平面 $\triangle ABC$ 的交线 MN,并判别可见性。

分析:由于铅垂面 $\triangle DEF$ 的水平面投影有积聚性,交线 MN 的水平面投影在其积聚性投影上,交线的水平投影已知,利用直线上点的投影特性,求出交线 MN 的正面投影。

作图:如图 2-54(b)所示,依据铅垂面 $\triangle DEF$ 的积聚性投影,求出交线 MN 的水平投影 mn。点 M 在 AC 上,过点 m 作 OX 轴垂线交 $a'c'$ 于点 m';同理,求出交点 N 的正面投影 n'。连接 $m'n'$ 即为所求交线 MN 的正面投影。

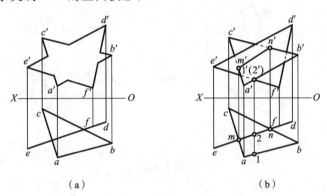

图 2-54 求铅垂面与一般位置平面的交线

判别可见性:用重影点法判别可见性。如图 2-54(b)所示,$1'(2')$ 是线段 AB、EF 上点 Ⅰ、Ⅱ 在正面投影的重影点,点 Ⅰ 在前,点 Ⅱ 在后,点 Ⅰ 在线段 AB 上,点 Ⅱ 在线段 EF 上,线段 AB 可见,则 $a'b'n'm'$ 可见,画粗实线,其他被遮住的部分不可见,画细虚线。同理,$e'f'$ 可见,画粗实线,其他被遮住的部分不可见,画成细虚线。

用目测法判别可见性。如图 2-54(b)所示,MN 是可见与不可见的分界线。以水平投影 mn 为界,因 $abmn$ 部分在积聚性投影的前方,故 $\triangle a'b'c'$ 的正面投影中,$a'b'n'm'$ 可见,画粗实线,被 $\triangle d'e'f'$ 遮住的部分不可见,画细虚线。同理,$\triangle d'e'f'$ 被 $a'b'n'm'$ 遮住的部分不可见。

拓展与练习

一、填空题

1. 工程常用的投影法分为_____和_____两类,其中正投影法属于_____投影法。

2．三视图的投影规律是_____。

3．与一个投影面平行，一定与其他两个投影面_____，这样的平面称为投影面的_____面，具体又可分为_____、_____、_____。

4．空间两直线的相对位置有_____、_____、_____三种。

5．直线按其对投影面的相对位置不同，可分为_____、_____和_____。

二、作图题

如图 2-55 所示，根据轴测图绘制物体的三视图（尺寸从轴测图中量取）。

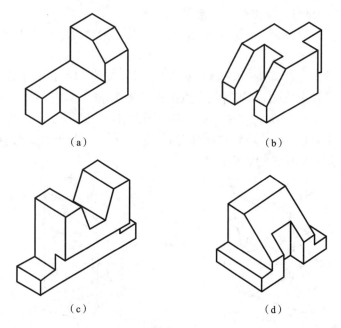

（a）　　　　　　　　　　　（b）

（c）　　　　　　　　　　　（d）

图 2-55

项目 3

立体的投影

基本立体根据其表面几何形状的不同分为平面立体与曲面立体两类,如图 3-1、图 3-2 所示。

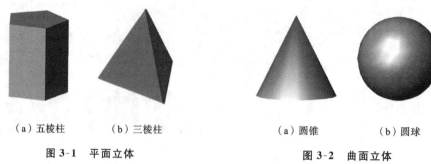

| (a)五棱柱 | (b)三棱柱 | (a)圆锥 | (b)圆球 |

图 3-1　平面立体　　　　　　　　图 3-2　曲面立体

◀ 任务 3.1　平面立体的投影 ▶

表面均是平面的立体称为平面立体。常见的平面立体有棱柱和棱锥。绘制平面立体的投影归结为绘制所有棱线及各棱线交点的投影,然后判断可见性。相邻棱面的交线称为棱线,其可见性判别原则:两相邻棱面均不可见,棱线不可见;只要有一个面可见,棱线就可见。可见的棱线投影画成粗实线;不可见的棱线投影画成细虚线;当粗实线与细虚线重合时,应画粗实线。

一、棱柱

棱柱的表面由两个底面和若干个棱面组成,棱线相互平行。

棱柱按底面形状不同可分为三棱柱、四棱柱、五棱柱等。棱线与底面垂直的棱柱称为直棱柱,其中底面为正多边形的称正棱柱。棱线与底面不垂直的棱柱称为斜棱柱。本节仅讨论正棱柱的投影。

1. 正棱柱的三视图

以正六棱柱(简称六棱柱)为例,当六棱柱与投影面的相对位置如图 3-3(a)所示时,六棱柱的两底面是水平面,在俯视图上反映实形;前后两侧棱面是正平面,主视图上反映实形,其余四个侧棱面是铅垂面,六个侧棱面在俯视图上积聚为与正六边形重合的线段。六棱柱的六条侧棱线均为铅垂线,俯视图积聚在正六边形的六个顶点上,主视图和左视图都反映实

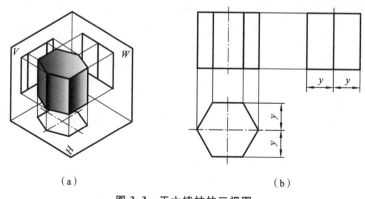

(a)　　　　　　　　　　　　(b)

图 3-3　正六棱柱的三视图

长。正六棱柱的三视图如图 3-3(b)所示,作图步骤如下。

(1) 画对称中心线;画反映两底面实形(正六边形)的俯视图。

(2) 根据侧棱线的高度,按"三等"关系画出主视图和左视图。

注意:当三视图对称时,为了确定三个视图的位置,应先画出对称中心线(细点画线)。六棱柱底面正六边形平行 H 面,反映形体特征称为特征视图,因为有积聚性,可用拉伸法构思物体的空间形状。

2. 棱柱表面取点

棱柱表面都是平面,因此,在棱柱表面取点和平面上取点的方法相同。可利用棱柱表面积聚性投影来取点。

例 3-1　已知正六棱柱表面上两点 A、B 的投影 a'、b'',如图 3-4(a)所示,求另两面投影并判别可见性。

分析:因正六棱柱的水平投影有积聚性,故可利用积聚性求出两点 A、B 的水平投影点 a、b,然后由"三等"关系求出两点 A、B 的第三投影点 a''、b'。

作图:由点 a' 向水平投影面作垂线,与左前方棱面的水平投影交于点 a,由"三等"关系求得点 a''。同理,可求得点 B 的另两个投影点 b、b'。

判别可见性:判别可见性的原则是若点所在的面的投影可见或有积聚性,则点的投影可见。因点 A 位于左前侧棱面上,正面投影点 a' 可见,所以点 a、a'' 均为可见。点 B 的侧面投影点 b'' 不可见,则点 B 在正六棱柱右后方侧棱面上,可判断点 B 的水平面投影点 b 可见,正面投影点 b' 不可见,如图 3-4(b)所示。

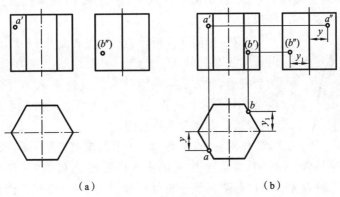

(a)　　　　　　　　　　　(b)

图 3-4　棱柱表面取点

二、棱锥

棱锥与棱柱不同之处在于棱锥只有一个底面,所有的棱线交于一点——锥顶。棱锥按棱线的数目不同,可分为三棱锥、四棱锥等。底面是正多边形,侧面均为全等的等腰三角形的棱锥,称为正棱锥。

1. 棱锥的三视图

以正三棱锥为例,当三棱锥处于如图 3-5(a)所示的位置时,三棱锥底面△ABC 是水平面,俯视图反映△ABC 实形,其主视图和左视图积聚为线段。三个侧棱面中,侧棱面△SAC 是侧垂面,在左视图上积聚为线段;其余两个侧棱面为一般位置平面。棱线 SB 是侧平线,其余两条棱线为一般位置直线。

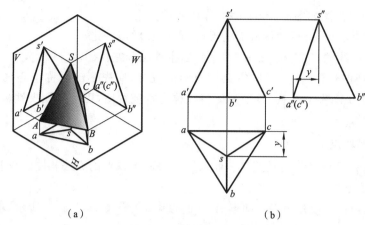

（a）   （b）

图 3-5 棱锥的三视图

三棱锥的三视图如图 3-5(b)所示,作图步骤如下。

(1)画底面投影:俯视图是实形,主、左视图均为一水平线段;画顶点 S 的三面投影。

(2)分别连顶点 S 与底面△ABC 各顶点的同面投影得各侧棱线的投影。

2. 棱锥表面取点

若在棱锥的特殊位置侧棱面或侧棱线上取点,利用其积聚性或棱线的投影,可求出点的另两投影。若在棱锥一般位置侧棱面上取点,则要在此表面上过该点的已知投影先作辅助直线,再通过该直线的投影定出点的投影。作辅助线的方法有素线法和平行线法。

例 3-2 已知棱锥表面一点 K 的正面投影点 k',求点 K 的另两投影点 k、k″,如图 3-6 所示。

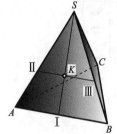

图 3-6 棱锥表面取点

分析:如图 3-6 所示,点 K 在棱面△SAB 上,过点 K 在平面内作线素 SⅠ交 AB 于点Ⅰ,然后由线上点的投影规律求点的另两个投影,此方法称为素线法。或过点 K 在平面内作 AB 平行线交 SA、SB 于点Ⅱ、Ⅲ,然后由线上点的投影规律求点的另两个投影,此方法称为平行线法。

作图:过点 k'作素线 SⅠ的正面投影 s'1',求出 SⅠ的水平投影 s1,并求出点 K 的水平投影点 k,依据"三等"关系求出点 k″,如图 3-7(a)所示。过点 k'作 AB 的平行线ⅡⅢ的正面投影 2'3',由平行线的投影特性求出

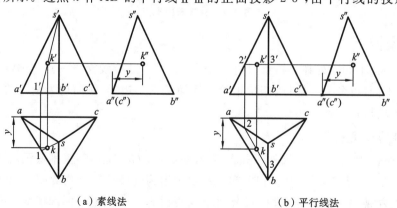

（a）素线法   （b）平行线法

图 3-7 棱锥表面取点作图

ⅡⅢ的水平投影 23,并求出点 K 的水平投影点 k,依据"三等"关系求出点 k'',如图 3-7(b)所示。

判别可见性:因为侧棱面△SAB 的水平投影和侧面投影均可见,所以点 k、k'' 均可见。

任务 3.2 曲面立体的投影

表面是平面和曲面,或全部是曲面的立体称为曲面立体。有回转轴的曲面立体称回转体。本节只研究回转体,常见的回转体有圆柱、圆锥、圆球和圆环等。

一、圆柱

1. 圆柱的形成

圆柱的表面包含圆柱面和上下两个底面。圆柱是矩形平面以一边为轴线回转一周形成的。与轴线平行的边 AA_1 形成圆柱面。运动的直线 AA_1 称为母线,母线的任一位置称为素线。与轴线垂直的边形成了圆柱的底面,如图 3-8(a)所示。

2. 圆柱的三视图

如图 3-8(b)所示,圆柱面垂直于水平投影面,其水平投影积聚为一圆,该投影是圆柱的特征视图(可用拉伸法想圆柱的形状),画图时对称中心线用细点画线画出,两点画线的交点为圆心,它们与圆周的交点分别是圆柱面上最左、最右、最前、最后素线的水平投影。圆柱的正面投影和侧面投影均为矩形,矩形的上、下边为上底面和下底面的积聚性投影(轴线画细点画线)。正面投影中矩形的两条铅垂边是圆柱最左、最右素线的投影,称为正面投影转向轮廓线,是前、后两个半圆柱面在正面投影中可见与不可见部分的分界线,因圆柱面是光滑的曲面,所以两条正面投影转向轮廓线在侧面投影中不表达。侧面投影中矩形的两条铅垂边是圆柱面最前、最后素线的投影,称为侧面投影转向轮廓线,是左、右两个半圆柱面在侧面投影中可见与不可见部分的分界线,这两条侧面投影转向轮廓线在正面投影中也不表达。

圆柱的三视图如图 3-8(c)所示,其作图步骤如下。

(1)画俯视图中心线,画圆柱积聚性的投影——圆。

(2)画轴线的正面、侧面投影;根据圆柱体的高度、"三等"关系画出主、左视图的矩形。

3. 圆柱表面取点

圆柱表面取点可利用圆柱面积聚性投影来求解。

例 3-3 已知圆柱面上的点 E 和点 F 的正面投影点 e'、f',求点 E、F 的其他两面投影。如图 3-9(a)所示。

分析:圆柱面的水平投影积聚为圆,点 E、F 水平投影点 e、f 一定在圆周上,点 E 在后半圆柱面左侧,点 F 在前半圆柱面右侧,点 E、F 水平投影可见,点 E 侧面投影可见,点 F 侧面投影不可见。

作图:利用圆柱面水平投影的积聚性,过点 e' 作垂线交水平投影圆后半圆左侧于点 e,过点 f' 作垂线交水平投影圆前半圆右侧于点 f,利用"三等"关系,求出点 e''、f'',由于点 f'' 不可见写作(f''),如图 3-9(b)所示。

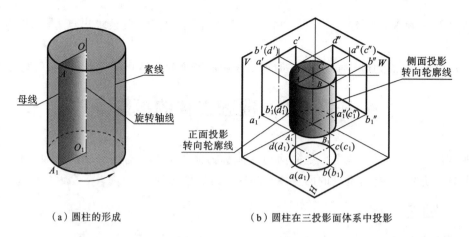

（a）圆柱的形成　　　　　　　　（b）圆柱在三投影面体系中投影

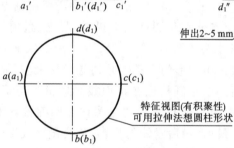

（c）圆柱的三视图

图 3-8　圆柱的形成及三视图

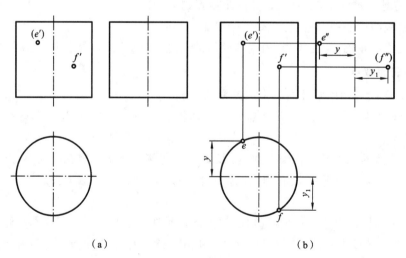

（a）　　　　　　　　　　　　　　（b）

图 3-9　圆柱表面取点

二、圆锥

1. 圆锥的形成

圆锥的表面是圆锥面和一个底面。圆锥是直角三角形平面以一直角边为轴线回转一周形成的。与轴线相交的边 *SA* 形成圆锥面。运动的直线 *SA* 称为母线,母线的任一位置称为素线。母线上的点绕轴线旋转一周时,形成圆锥面上垂直于轴线的圆称为纬圆。与轴线垂直的边形成了圆锥的底面,如图 3-10(a)所示。

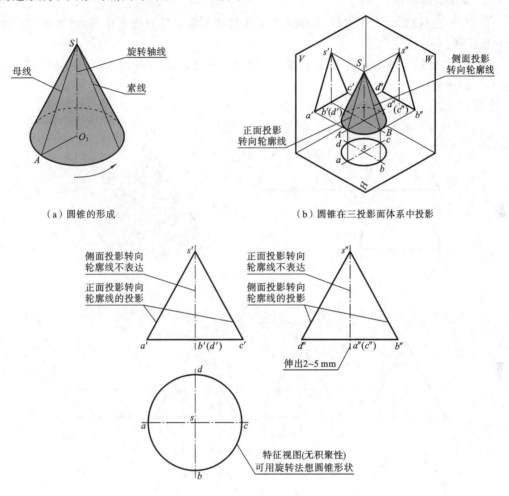

（a）圆锥的形成　　　　　　　　（b）圆锥在三投影面体系中投影

（c）圆锥的三视图

图 3-10　圆锥的形成及三视图

2. 圆锥的三视图

如图 3-10(b)所示,圆锥的俯视图为一圆,该圆既是圆锥面的水平投影(没有积聚性),也是底面的水平投影(反映实形),是圆锥的特征视图。其主视图和左视图为两个全等的等腰三角形,等腰三角形的底边为圆锥底面积聚性投影,等腰三角形为圆锥面的投影。主视图的等腰三角形两腰是圆锥面正面投影转向轮廓线(最左、最右素线)的投影,是前、后两个半圆锥面在正面投影中可见与不可见部分的分界线。因圆锥面是光滑的曲面,所以两条正面投影转向轮廓线在侧面投影中不表达。左视图的等腰三角形两腰是圆锥面侧面投影转向轮廓线（最前、最后素线）的投影；侧面投影转向轮廓线是左、右两个半圆锥面在侧面投影中可见与不可见部分的分界线，这两条侧面投影转向轮廓线在正面投影中也不表达。

圆锥的三视图如图3-10(c)所示，作图步骤如下。

(1) 画俯视图的中心线，画投影为圆的俯视图。

(2) 画轴线的正面、侧面投影，依据圆锥体的高定锥顶S的投影，按"三等"关系画出主、左视图。

3. 圆锥表面取点

圆锥的三面投影均无积聚性，不能采用积聚性表面取点的方法来求解，可用素线法或纬圆法来求解。

例3-4 已知圆锥面上点K的正面投影点k'，求点K的另外两面投影点k和点k''，如图3-11(a)所示。

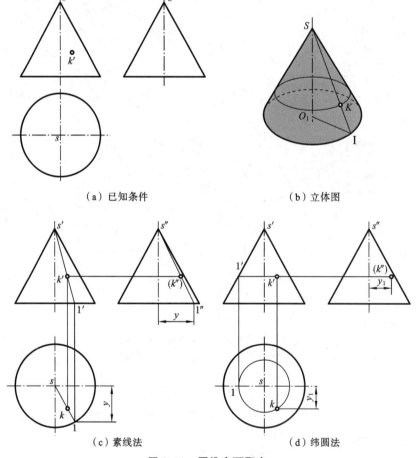

（a）已知条件 （b）立体图

（c）素线法 （d）纬圆法

图3-11 圆锥表面取点

(1) 方法一：素线法。

分析：如图3-11(b)所示，过点K作素线SⅠ，求出素线SⅠ的三面投影，再用线上点的投影规律求出点K的另两面投影。这种用圆锥面上素线作为辅助线的作图方法，称为素线法。

作图：过点k'作素线SⅠ的正面投影$s'1'$，然后按"三等"关系作出SⅠ的另两面投影$s1$和$s''1''$，再用线上点的投影规律作出点K的另两面投影点k和点k''。最后判别可见性，因点

K 在圆锥面的右前方,故点 k 可见、点 k'' 不可见写作(k''),如图 3-11(c)所示。

（2）方法二:纬圆法。

分析:如图 3-11(b)所示,过点 K 在圆锥面上作一辅助纬圆,其正面投影和侧面投影均积聚为一条水平线,水平投影是反映实形的圆,再用线上点的投影规律求出点 K 的另两面投影。这种用圆锥面上纬圆作辅助线的作图方法,称为纬圆法。纬圆法适用于各种回转表面取点。无论采用素线法还是纬圆法作图,结果完全相同。

作图:过点 k' 作辅助纬圆的正面投影。其积聚性投影长度为辅助纬圆的直径。根据"三等"关系求出辅助圆的水平投影和侧面投影,最后按线上取点的方法求出点 K 的另两面投影点 k 和点(k''),如图 3-11(d)所示。

三、圆球

1. 圆球的形成

圆球是由圆面绕其自身的一直径(圆球的回转轴)旋转 180°形成的,圆母线形成了球面,也可看成半圆绕其自身的直径旋转 360°形成,如图 3-12(a)所示。

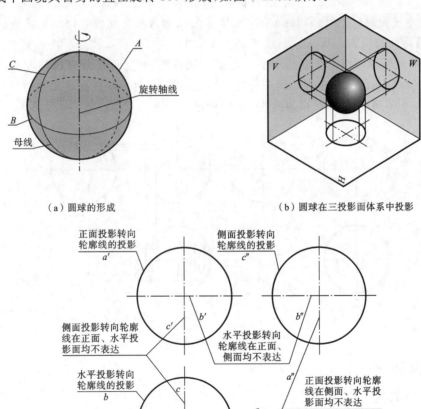

（a）圆球的形成   （b）圆球在三投影面体系中投影

（c）圆球的三视图

图 3-12 圆球的形成及三视图

2. 圆球的三视图

圆球的三个投影均为圆,分别用点 a'、b、c'' 表示,如图 3-12(b)、(c)所示。点 a'、b、c'' 三个圆分别是圆球面的正面投影转向轮廓线、水平投影转向轮廓线和侧面投影转向轮廓线的投影,即圆球面的前后半球面、上下半球面和左右半球面的可见性分界线的投影。

3. 圆球表面取点

圆球面的母线是曲线,圆球表面取点只能采用纬圆法。为作图方便,常选择平行于投影面的圆作为辅助圆。

例 3-5 如图 3-13(a)所示,已知圆球面上点 A 和点 B 的投影点 a' 和点 b,求点 A、B 的另两面投影。

分析:过点 A 作水平纬圆,水平纬圆的水平投影反映实形,根据点 A 在圆球上的方位,求出另两面投影。点 B 在正面投影转向轮廓线上,其另两面的投影也在正面投影转向轮廓线的投影上。

作图:

(1)过点 a' 作水平纬圆的正面投影(积聚为线段,其长度为纬圆的直径),由"三等"关系作出纬圆的水平投影(实形圆);纬圆的侧面投影也积聚为水平线段。按线上求点的方法求出点 A 的另两面投影点 a 和点 a''。点 A 在上半球的左前侧,点 a 和点 a'' 均可见。

(2)点 b 在圆球面水平投影的水平中心线上且可见,则空间点 B 在圆球面右上方正面投影转向轮廓线上,故点 b' 在圆球面正面投影的上半圆周上,点 b'' 在圆球面侧面投影的垂直中心线上,点 b'' 不可见写作 (b''),如图 3-13(b)所示。

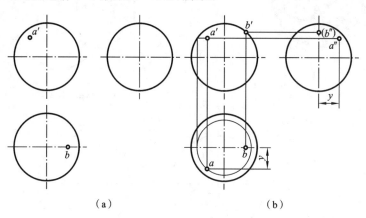

(a)　　　　　　　　　　　　(b)

图 3-13　圆球表面取点

四、圆环

1. 圆环的形成

圆环是由圆面绕与它共面的圆外直线(圆环的回转轴线)旋转 $360°$ 形成的曲面。母线上任意一点运动的轨迹均为圆周,称为纬圆。纬圆所在的平面垂直于回转轴线。

2. 圆环的三视图

当圆环的轴线为铅垂线时,其三视图如图 3-14 所示,俯视图中的两个同心粗实线圆,分别是最大纬圆和最小纬圆的投影;圆心是轴线的积聚性投影;细点画线圆是母线圆心运动轨迹的投影。主、左视图两端的圆分别是圆环最左、最右、最前、最后素线圆的投影,上、下两水

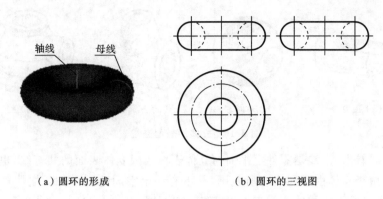

（a）圆环的形成 （b）圆环的三视图

图 3-14 圆环的形成及三视图

平公切线是最高、最低纬圆的投影。

3. 圆环表面取点

圆环的母线是曲线，其表面取点只能采用纬圆法。为作图方便，选择垂直于圆环面轴线的纬圆作辅助圆。

例 3-6 如图 3-15（a）所示，已知圆环面上点 A 的水平投影点 a，求点 A 的其他两面投影。

分析：过点 A 在圆环上作水平纬圆，水平纬圆的主、左视图均积聚为线段。因点 a 可见，可判断点 A 在圆环上半部的左后方，故点 a' 不可见、点 a'' 可见。

作图：如图 3-15（b）所示，过点 a 作圆环的水平纬圆的水平投影交中心线于点 1；作水平纬圆的正面投影 $1'a'$ 和侧面投影 $a''1''$；由线上取点的方法求出点 A 的另两面投影点（a'）和点 a''。

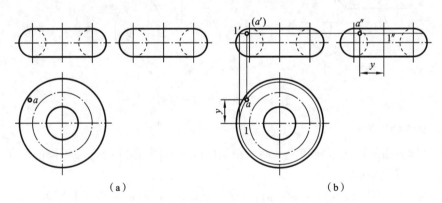

（a） （b）

图 3-15 圆环表面取点

◀ 任务 3.3 平面与立体表面的交线——截交线 ▶

工程上常遇到表面有交线的零件。为了完整、清晰地表达出零件的形状，以便正确地制造零件，应正确画出交线。交线通常可分为两种，一种是平面与立体表面相交形成的截交线，如图 3-16（a）、（b）所示。另一种是两立体表面相交形成的相贯线，如图 3-16（c）、（d）所示。

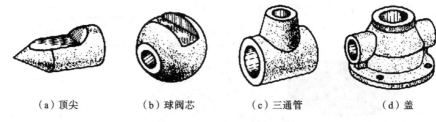

（a）顶尖　　　　（b）球阀芯　　　　（c）三通管　　　　（d）盖

图 3-16　立体的表面交线

从图中可以看出，交线是零件上平面与立体表面或两立体表面的共有线，也是它们表面间的分界线。由于立体由不同表面所包围，并占有一定空间范围，因此，立体表面交线通常是封闭的，如果组成该立体的所有表面，所确定立体的形状、大小和相对位置已定，则交线也就被确定。

立体的表面交线在一般的情况下是不能直接画出来的（交线为圆或直线时除外），因此，必须先设法求出属于交线上的若干点，然后把这些点连接起来。

一、截交线的概念

平面截切立体，截平面与立体表面的交线称为截交线。截交线围成的平面图形称为截平面。立体被截平面 P 所截，截交线围成的平面图形是截平面，如图 3-17 所示。

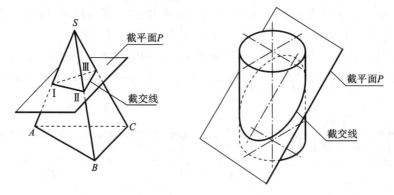

图 3-17　截交线与截平面

1. 截交线的性质

由于立体表面的形状不同和截平面所截切的位置不同，截交线也为不同的形状，但任何截交线都具有下列基本性质。

（1）共有性。截交线既属于截平面，又属于立体表面，故截交线是截平面与立体表面的共有线，截交线上的每一点均为截平面与立体表面的共有线。

（2）封闭性。由于任何立体都占有一定的封闭空间，而截交线又为平面截切立体所得，故截交线所围成的图形一般是封闭的平面图形。

（3）截交线的形状。截交线的形状取决于立体的几何性质及其与截平面的相对位置，通常为平面折线、平面曲线或平面直线组成。

2. 求截交线的方法与步骤

线是一系列点的集合，求截交线可归结为找共有点。当截平面处于特殊位置时，截平面的投影有积聚性，截交线的一个投影已知，然后用面上取点线的方法求交线其他投影。方法与步骤如下。

（1）空间及投影分析。首先分析截交线的形状（是平面多边形还是平面曲线），然后分析截交线的投影（即分析截交线的投影在哪个面有积聚性，在哪个面反映实形，在哪个面是类似形）。

（2）求出一系列共有点，依次连线，并判别可见性，最后整理轮廓线。

二、平面与平面立体相交

平面与平面立体相交，其截交线是一封闭的平面多边形。其求取方法有：棱线法和棱面法。

棱线法：利用截面多边形的顶点是截平面与立体相应棱线的交点这一特性，求出这些共有点的投影，可得到截交线的投影。

棱面法：利用截面多边形的边是截平面与立体相应棱面的交线，求出各棱线的投影，也得到截交线的投影。

1. 平面与棱锥相交

例 3-7　已知正垂面截切三棱锥，求作截交线的投影，并完成截切后三棱锥的三视图，如图 3-18（a）所示。

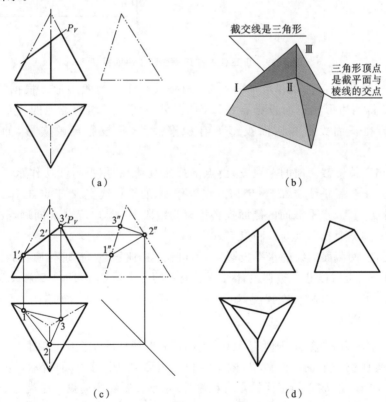

图 3-18　正三棱锥被正垂面截切

分析：由图 3-18（b）所示可知，立体为正三棱锥，被正垂面所截，截面是三角形。由于截平面是正垂面，故截交线的正面投影积聚为直线，截交线的另两个投影均为类似三角形。

作图：由截交线的积聚性可在主视图中定出三角形截面的三个顶点的投影点 1′、2′、3′，利用棱线法求出该三角形截面顶点的侧面投影点 1″、2″、3″和水平投影点 1、2、3。如图 3-18(c)所示。连线并判别可见性,整理轮廓线,将水平投影和侧面投影依次连线,将被截去的侧棱线投影擦除,加深棱线和截交线的投影,如图 3-18(d)所示。

例 3-8　如图 3-19(a)所示,三棱锥改为被正垂面和水平面截切,其截切后三棱锥的三视图如何画?

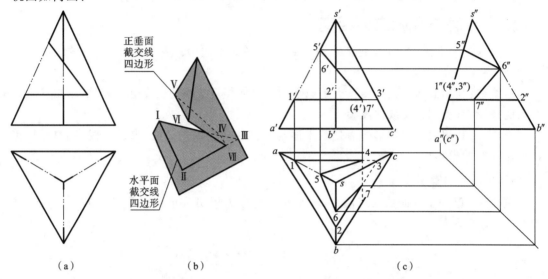

图 3-19　正三棱锥被正垂面和水平面截切

分析:正三棱锥被正垂面和水平面所截,两条截交线均为四边形。根据投影图可知,正垂面截切所得四边形在正面投影有积聚性,在另两面投影均为类似四边形。水平面截切所得四边形在正面投影和侧面投影均有积聚性,水平投影反映实形,如图 3-19(b)所示。

作图:画出三棱锥截切前的左视图,由点的投影规律,利用平行线法作水平截面的水平投影实形,过点 1′作铅垂线交 sa 于点 1,过点 1 作 ac 的平行线交 sc 于点 3,作 23∥bc,过点 4′作铅垂线得点 4、7。水平截面的侧面投影积聚为线段 1″(4″,3″)7″2″。同理,找出正垂截面点 Ⅴ、Ⅵ 的水平和侧面投影点 5、6 和点 5″、6″。

判别可见性:两截面交线的水平投影 47 不可见,画细虚线。整理轮廓线,棱线 SA 上线段 ⅠⅤ 和棱线 SB 上线段 ⅡⅥ 被切去,因此,三棱锥的三个投影上 15、1′5′ 和 1″5″,26、2′6′ 和 2″6″ 断开,最后检查并加深俯、左视图,如图 3-19(c)所示。

2. 平面与棱柱相交

例 3-9　已知四棱柱被正垂面 P 截切,求截切后四棱柱的左视图,如图 3-20(a)所示。

分析:四棱柱被一个正垂面截切,截交线为五边形,如图 3-20(b)所示。由于截交线所在的平面 P 是正垂面,故它的正面投影有积聚性,水平投影和侧面投影是类似五边形。截交线正面投影和水平投影已知,求截交线的侧面投影。

作图:在正面投影上依次标出五边形顶点的投影点 a′、b′(e′)、c′(d′);在水平投影上标出点 a、b、c、d、e,作四棱柱的侧面投影,求出截交线的侧面投影点 a″、b″、c″、d″、e″。然后依次连线。

判别可见性,整理轮廓线:从点 A、B、E 向上的棱线均被切,四棱柱右边的棱线在左视图上不可见,因此从点 a'' 向上的棱线投影画细虚线。最后检查加深左视图,如图 3-20(c)所示。

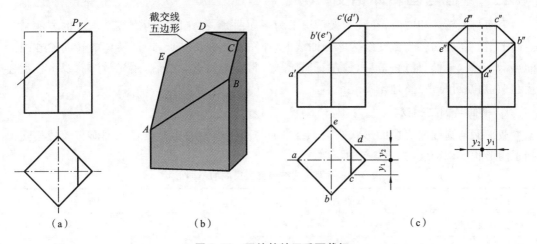

图 3-20　四棱柱被正垂面截切

例 3-10　已知四棱柱被多个平面所截切,求截切后四棱柱的俯视图,如图 3-21 所示。

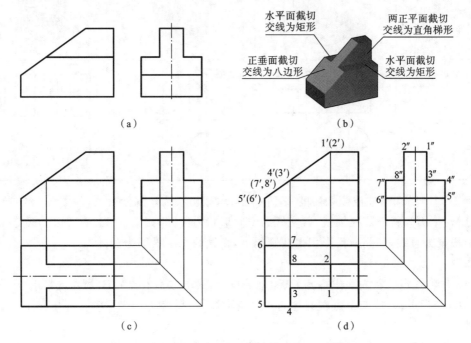

图 3-21　四棱柱被多个平面所截切截交线的画法

分析:四棱柱被两个正平面、两个水平面和一个正垂面所切。两个水平面切得的交线是矩形。它们的水平投影反映实形,另两个面投影有积聚性。两个正平面切得的交线是直角梯形。它们的正面投影反映实形,另两个面投影有积聚性。正垂面切得的交线是八边形。正面投影有积聚性,另两个面投影为类似形,如图 3-21(b)所示。

作图:首先,由"三等"关系作出四棱柱水平投影矩形,再画出两个水平面切得的矩形的水平投影,如图 3-21(c)所示。最后,作正垂面的水平投影类似八边形,检查、加深,如图3-21(d)所示。

三、平面与回转体相交

平面与回转体相交时,交线一般情况下为平面曲线,特殊情况为直线。求取的方法与步骤同平面立体截切。当截交线为非圆曲线时,作图时先找特殊点,即回转体的转向轮廓线上的点,如最高、最低、最前、最后、最左、最右点等;再定中间点。然后,用光滑的曲线将各点连接起来,判断可见性、整理轮廓线。

1. 平面与圆柱相交

截平面与圆柱面交线的形状取决于截平面与圆柱轴线的相对位置。平面与圆柱相交得到不同形状的截交线,如表 3-1 所示。

表 3-1　平面与圆柱相交截交线的不同形状

截平面位置	与轴线垂直	与轴线倾斜	与轴线平行
截交线形状	圆	椭圆	矩形
立体图	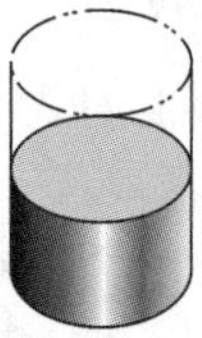	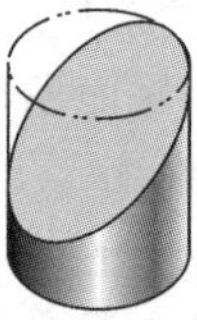	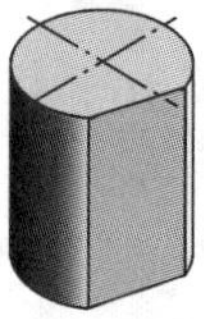
投影图	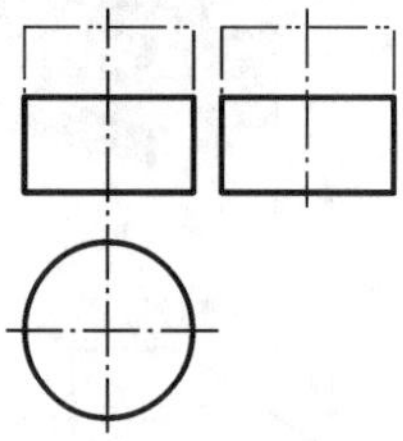	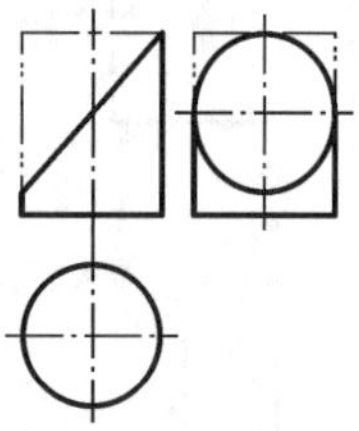	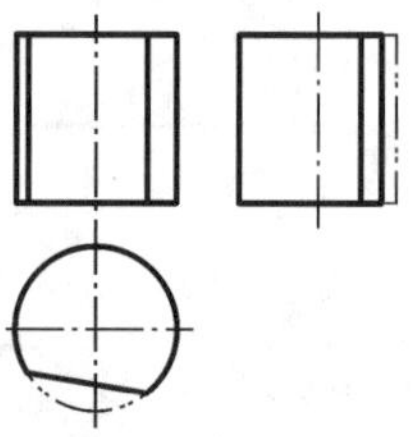

例 3-11　已知圆柱被截切后的主、左视图,求截切后圆柱的俯视图,如图 3-22(a)所示。

分析:平面倾斜于圆柱轴线,截交线的空间形状为椭圆,如图 3-22(a)所示。截交线的正面投影积聚为直线,其侧面投影积聚在圆周上,交线的水平投影为椭圆。

作图:

(1) 作特殊点。首先找出椭圆长、短轴的点 A(最上或最右点)、B(最左或最下点)、C(最前点)、D(最后点)。这四个点在圆柱的转向轮廓线上,利用"三等"关系求出点 A、B、C、D 的三面投影。

(2) 作一般点。找出一般点 Ⅰ、Ⅱ、Ⅲ、Ⅳ,利用"三等"关系求出 Ⅰ、Ⅱ、Ⅲ、Ⅳ 的三面投影,如图 3-22(b)所示。

连线、判别可见性、整理轮廓线:把上面所求点的水平投影点 a、1、c、3、b、4、d、2 依次用光滑曲线连接,得交线的水平投影椭圆。从点 C、D 向左,圆柱的水平投影转向轮廓线被切,轮廓线应擦去,如图 3-22(c)所示。

例 3-12　已知圆柱被截切后的主、左视图,求截切后圆柱的俯视图,如图 3-23(a)所示。

分析:圆柱被正垂面和水平面所截切,水平面切得的截交线形状为矩形;正垂面切得的截交线为部分椭圆面。两段截交线在正面和侧面投影均有积聚性,投影已知,求水平投影即可。

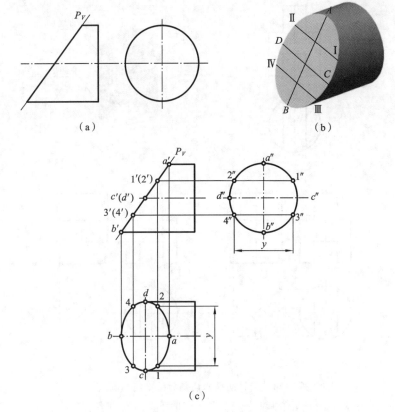

图 3-22　圆柱被正垂面截切截交线的画法

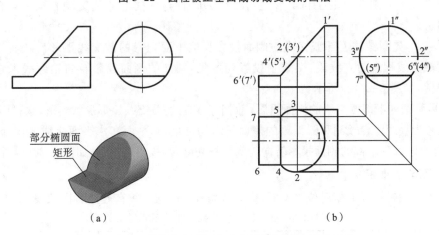

图 3-23　圆柱被正垂面和水平面截切截交线的画法

作图:画出圆柱被截切之前的水平投影。分别通过特殊点求出椭圆弧和矩形的投影,俯视图中两段交线均可见,圆柱水平投影转向轮廓线从点Ⅱ、Ⅲ向左的部分被切除,其投影应擦去,如图 3-23(b)所示。

例 3-13　已知圆柱被切槽和切角后的主、俯视图,补画左视图,如图 3-24(a)、(b)所示。

分析:圆柱上部被两个侧平面和两个水平面所截切,侧平面切得的截交线形状为矩形,水平面切得的截交线为圆弧和两截面交线组成的封闭平面图形。两截交线在水平投影分别有积聚性和实形性,投影已知;圆柱下部被两个侧平面和一个水平面所截切,侧平面切得的

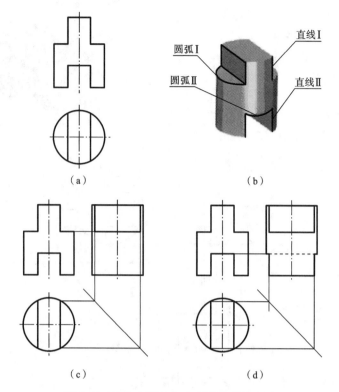

图 3-24　圆柱切槽和切角后截交线的画法

截交线形状为矩形;水平面切得的截交线为圆弧和两截面交线组成的封闭平面图形。两截交线在水平投影分别有积聚性和实形性,投影已知,且与圆柱上部截交线的投影重合;求侧面投影即可。

作图:(1) 先画圆柱上部截交线的侧面投影。侧平面切得的截交线矩形反映实形;水平面切得的截交线积聚为直线段,交线Ⅰ投影均可见,圆柱的侧面投影转向轮廓线未切到,其投影应保留,如图 3-24(c)所示。

(2) 再画圆柱下部截交线的侧面投影。侧平面切得的截交线矩形反映实形;水平面切得的截交线积聚为直线段,交线Ⅱ和圆弧段的侧面投影均可见,侧平面和水平面交线的侧面投影不可见画细虚线,圆柱下部的侧面投影转向轮廓线被切除,其投影应擦去,如图 3-24(d)所示。

2. 平面与圆锥相交

因平面与圆锥轴线的相对位置不同,平面截切圆锥的截交线有五种形状,如表 3-2 所示。

表 3-2　平面与圆锥相交截交线的不同形状

截平面位置	过锥顶	与轴线垂直 $\theta=90°$	与轴线倾斜 $\theta>\alpha$	平行于一条素线 $\theta=\alpha$	与轴线平行或倾斜 $0\leqslant\theta<\alpha$
截交线形状	等腰三角形	圆	椭圆	抛物线+直线段	双曲线+直线段
立体图					

续表

截平面位置	过锥顶	与轴线垂直 $\theta = 90°$	与轴线倾斜 $\theta > \alpha$	平行于一条素线 $\theta = \alpha$	与轴线平行或倾斜 $0 \leqslant \theta < \alpha$
投影图					

例 3-14　已知圆锥被正垂面截切后的主视图,补全截切后圆锥的俯、左视图,如图3-25 (a)所示。

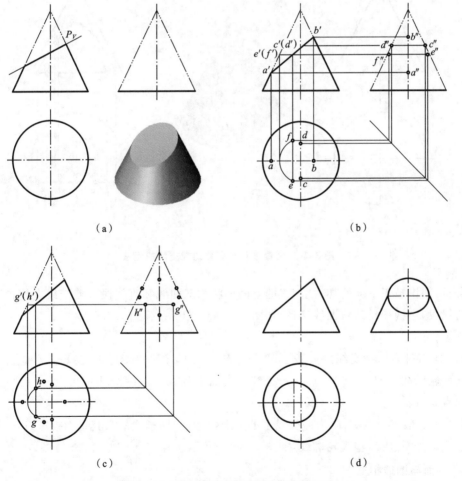

图 3-25　圆锥被正垂面截切截交线的画法

分析:圆锥被正垂面截切,截交线的空间形状为椭圆。截交线在主视图投影积聚为一直线段,在另两视图均为椭圆的类似形,如图 3-25(a)所示。

作图:

(1)求特殊点:截交线椭圆长轴 AB 与短轴 EF 互相垂直平分,它们各处于正平线和正垂线的位置,在正面投影上为点 a'、b'、e'(f')。点 e'(f')是 $a'b'$ 的中点,这些点分别为截交线的最高、最低、最前、最后点,点 C、D 也是特殊点,是圆锥侧面投影转向轮廓线上的点;由于点 a'、b'、c'、d' 是圆锥转向轮廓线上点的投影,利用"三等"关系,作点 a、b、c、d 和点 a''、b''、c''、d''。利用纬圆法作点 e、f 和点 e''、f'',如图 3-25(b)所示。

(2)求一般点 L 点 G、H 为截交线上的一般位置点,通过纬圆法求得点 g、h 和点 g''、h'',如图 3-25(c)所示。将所求点顺次光滑连接,圆锥从点 C、D 向上的侧面投影转向轮廓线被切,其投影擦除。俯、左视图中的椭圆投影均可见,如图 3-25(d)所示。

例 3-15 已知圆锥被正平面截切,补全截切后圆锥的主视图,如图 3-26(a)所示。

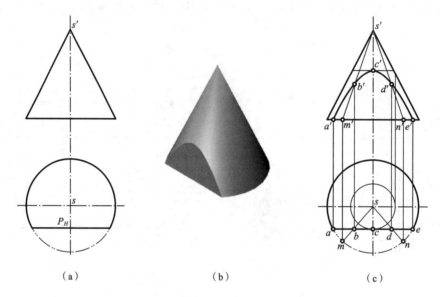

(a) (b) (c)

图 3-26　圆锥被正平面截切截交线的画法

分析:圆锥被正平面所切,截交线的空间形状为双曲线和直线段。截交线在俯视图积聚为一直线段,主视图反映双曲线实形,如图 3-26(a)、(b)所示。

作图:

(1)求特殊点。截交线的最高点 C、最低点 A、E 的水平投影已知,最高点 C 是圆锥侧面投影转向轮廓线上的点,最低点 A、E 是圆锥底面上的点。用纬圆法求出点 c',用"三等"关系求出点 a'、e'。

(2)求一般点。点 B、D 为截交线上的一般位置点,用素线法求其正面投影点 b'、d'。将所求点顺次光滑连接,整理轮廓线,如图 3-26(c)所示。

3. 平面与圆球相交

平面与圆球相交,截交线的形状都是圆,根据截面与投影面的相对位置不同,平面截切圆球的交线投影可分为四种情况,如表 3-3 所示。

表 3-3 平面与圆球相交截交线的不同形状

截面位置	与 V 面平行	与 H 面平行	与 W 面平行	与 V 面垂直
立体图				
投影图				

例 3-16 半球被三个平面截切,补全截切后半球的俯、左视图,如图 3-27(a)所示。

分析:半球被侧平面截切,与球面交线为圆弧,它的水平投影积聚为两线段,侧面投影反映实形。半球被水平面截切,与球面交线为两段圆弧,它的正面投影积聚为两线段,它的水平投影反映实形,侧面投影积聚为线段,如图 3-27(a)所示。

作图:作半径为 R_1 的水平纬圆,利用"三等"关系,求出交线的水平投影,作半径为 R_2 的侧面纬圆,利用"三等"关系,求出交线的侧面投影。圆球侧面投影转向轮廓线从水平面向上被切去,其投影应擦除。侧平面与水平面交线的侧面投影不可见画细虚线,其余线段可见画粗实线,如图 3-27(b)所示。

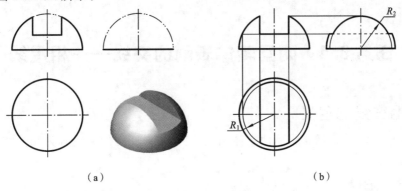

（a） （b）

图 3-27 圆球被三个平面截切截交线的画法

4. 复合回转体截交线

首先分析复合回转体是由哪些基本回转体组成以及它们的连接关系,然后分别求出这些基本回转体的截交线,并依次将其连接,然后判别可见性、整理轮廓线。

例 3-17 求同轴叠加圆锥、圆柱、圆球被水平面截切后的俯视图,如图 3-28(a)所示。

分析:该复合形体由基本体圆锥、圆柱、圆球同轴叠加而成,被一个水平面截切。水平面与圆锥面的交线是双曲线,与圆柱面交线是两条素线,与圆球面的交线是圆弧,如图 3-28

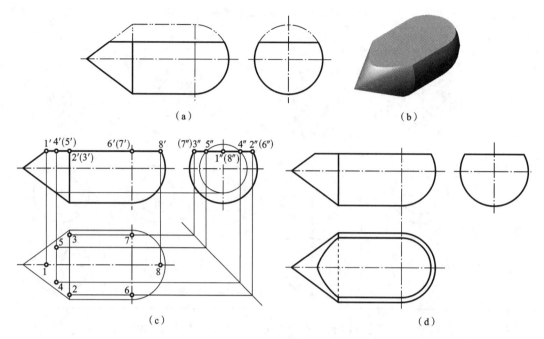

图 3-28　复合回转体截交线的画法

(b)所示。

作图:求圆锥段截交线双曲线上点的水平投影点 1、2、3、4、5,求圆柱段截交线两条素线上点的水平投影点 2、6,点 3、7,求圆球段的交线圆弧上点的水平投影点 6、7、8,如图 3-28(c)所示。

将这些点的水平投影按顺序连成光滑曲线,截交线的水平投影可见,画粗实线。圆柱和圆锥相邻处的交线底下不可见,画细虚线,圆柱和圆球相邻表面相切光滑过渡无线,如图 3-28(d)所示。

◀ 任务3.4　两回转体表面的交线——相贯线 ▶

一、相贯线的定义

在日常生活中,我们经常见到两立体相交,它们表面产生的交线称为相贯线,如图 3-16(c)、(d)所示。

1. 相贯线的分类

相贯线可分为平面立体与平面立体相贯(建筑制图重点研究)、平面立体与曲面立体相贯(简称平曲相贯)、两曲面立体相贯(简称曲曲相贯)三类,如图 3-29 所示。

2. 相贯线的性质

(1) 封闭性:一般情况下,为封闭的空间图形。

平面立体与回转体相贯:相贯线为多段直线或曲线组成的封闭空间图形。

两回转体相贯:相贯线为封闭的空间曲线(特殊情况为平面曲线)。

(2) 共有性:相贯线是同属于两立体表面的共有线,是一系列共有点的集合。

（a）两平面立体相贯　　（b）平面立体与曲面立体相贯　　（c）两曲面立体相贯

图 3-29　相贯线的分类

（3）表面性：相贯线位于两立体的表面，它的形状取决于立体的形状、大小和两立体轴线的相对位置。

二、平面立体与回转体相贯

平面立体与回转体相贯，相贯线为多段直线或曲线组成的封闭空间图形。因此，求相贯线的实质就是求平面立体的棱面与回转体表面的交线。

例 3-18　如图 3-30（a）所示，已知四棱柱与圆柱相交的俯、左视图，补画主视图。

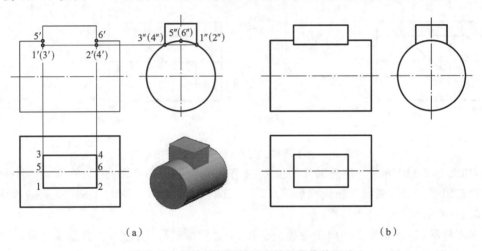

（a）　　　　　　　　　　　　　　　　　　（b）

图 3-30　四棱柱与圆柱正交的相贯线的画法

分析：四棱柱前后两面与圆柱面的交线为素线；左右两面与圆柱面的交线为圆弧。相贯线为两段素线和两段圆弧组成的空间图形，且前后左右对称。左、俯视图有积聚性，投影已知，求相贯线的正面投影，如图 3-30（a）所示。

作图：利用"三等"关系，作素线的正面投影 $1'(3')2'(4')$，圆弧的正面投影 $1'(3')5'$、$2'(4')6'$。依次连线，整理 $5'6'$ 之间的轮廓线，如图 3-30（a）、（b）所示。

例 3-19　如图 3-31（a）所示，已知半圆柱上挖三棱柱孔的俯、左视图，补画主视图。

分析：三棱柱正平面与圆柱面的交线为素线，侧平面与圆柱面的交线为圆弧，铅垂面与圆柱面的交线为一段椭圆弧，圆柱面的相贯线是由素线、圆弧和椭圆弧组成的空间图形，前后左右均不对称，相贯线的侧面、水平投影均有积聚性，投影已知，求相贯线的正面投影。三棱柱孔与底面的交线为直角三角形，其水平投影与三棱柱孔的水平投影重合，另两面投影均有积聚性，如图 3-31（a）所示。

作图：利用"三等"关系，作素线的正面投影 $(2')(3')$，$(2')(3')$ 不可见画细虚线。作圆弧的正面投影 $1'(2')4'$，$1'4'$ 可见画粗实线。三棱柱孔的三条棱线的正面投影均不可见，画细

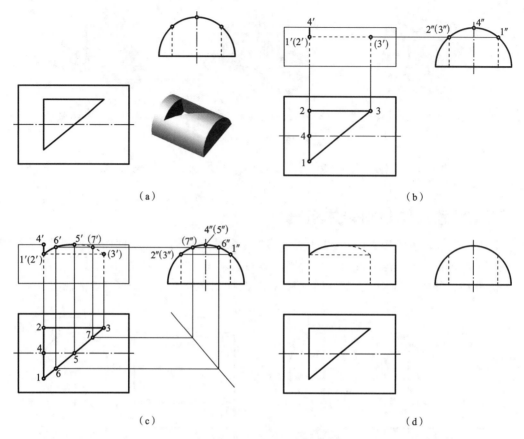

图 3-31　半圆柱上挖三棱柱孔相贯线的画法

虚线,如图 3-31(b)所示。作椭圆弧的投影,先作特殊点的正面投影点 $1'$、$3'$、$5'$,再作一般点的正面投影点 $6'$、$7'$,椭圆弧正面投影 $1'6'5'$ 可见画粗实线。$5'(7')(3')$ 不可见画细虚线,如图3-31(c)所示。

整理轮廓线:正面投影转向轮廓线上点Ⅳ、Ⅴ之间的轮廓线被切,其投影应擦除,检查加深图形,如图3-31(d)所示。

三、回转体与回转体相贯

两回转体相贯的相贯线一般为闭合的空间曲线,特殊情况下为平面曲线或直线。组成相贯线上的点是两回转体表面的共有点。

1. 求相贯线的步骤

(1)空间及投影分析:分析回转体表面的相对位置,看是否对称,从而确定相贯线的形状,分析投影情况,看是否有积聚性。

(2)作图:求出共有点(特殊点和一般点),用光滑曲线依次连接各点。

(3)判别可见性并整理轮廓线。

2. 求回转体相贯线的方法

利用积聚性表面取点法和辅助平面法。

3. 利用积聚性表面取点法

利用投影具有积聚性的特点,确定两回转体表面上若干个共有点的已知投影,用立体表面取点法求出未知投影。

　　例 3-20　如图 3-32(a)所示,补全两轴线垂直相交(正交)圆柱的主视图。

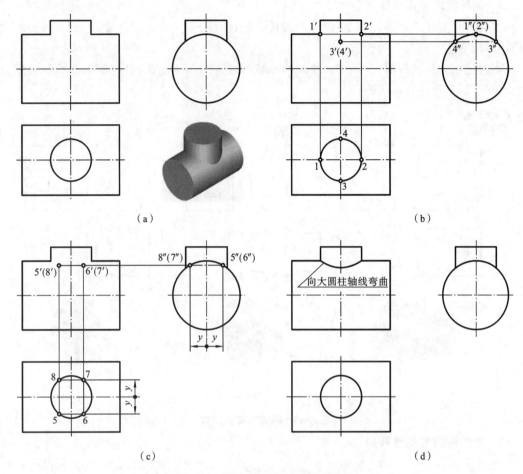

　　(a)　　　　　　　　　　　　　　　　　　　(b)

　　(c)　　　　　　　　　　　　　　　　　　　(d)

图 3-32　两正交圆柱相贯线的画法

　　分析:两圆柱正交,即轴线垂直相交,相贯线为封闭的空间曲线,且前后、左右对称。大圆柱轴线为侧垂线,其左视图投影积聚为大圆,相贯线的侧面投影为两圆柱共有部分的一段圆弧。小圆柱轴线为铅垂线,其俯视图投影积聚为小圆,相贯线的水平投影也积聚在该圆上,如图 3-32(a)所示。

　　作图:

　　(1)求特殊点:相贯线的最左点 I、最右点 II 分别为两圆柱正面投影转向轮廓线的交点,最前点 III 和最后点 IV 是两圆柱侧面投影转向轮廓线的交点。利用"三等"关系求出点 1′、2′、3′(4′),如图 3-32(b)所示。

　　(2)求一般点:为了精确求出相贯线的投影并用曲线光滑连接,应在适当位置求出相贯线上的一般位置点 V、VI、VII、VIII。利用"三等"关系求出 5′(8′)、6′(7′),如图 3-32(c)所示。

　　依次用曲线光滑连接点 1′-5′-3′-6′-2′,可得相贯线的正面投影,如图 3-32(d)所示。由于相贯线前后对称,所以后半部分相贯线的正面投影与前半部分相贯线的正面投影重合。

三、相贯线的变化趋势及可见性判别

1. 相贯线的变化趋势

当两圆柱直径不相等时,相贯线非积聚性投影(曲线)向大直径圆柱轴线弯曲,如图3-33(a)、(b)所示。

当两圆柱直径相等时(公切于一个球),相贯线变为两条平面曲线(椭圆),其投影为垂直相交的线段,如图 3-33(c)所示。

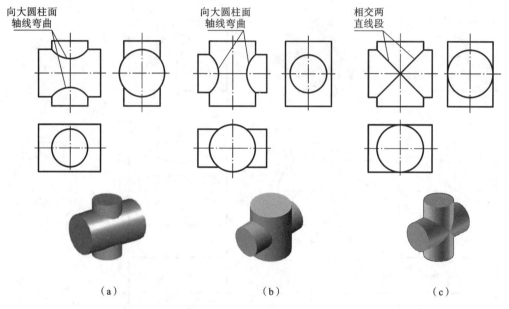

图 3-33 相贯线变化趋势

2. 相贯线的可见性判别

如图 3-34(b)所示,两外表面相贯、一个内表面与一个外表面相贯,相贯线均可见,相贯线的正面投影画粗实线。两内表面相贯,相贯线不可见,相贯线正面投影画虚线,如图 3-34(a)所示。

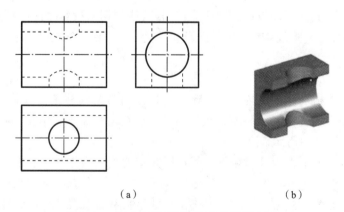

图 3-34 两内表面相贯相贯线可见性判别

例 3-21 已知物体的俯、左视图,求物体的主视图,如图 3-35(a)所示。

分析:垂直圆筒和水平半圆筒正交,两外表面的相贯线是两个相互垂直的半椭圆。两内

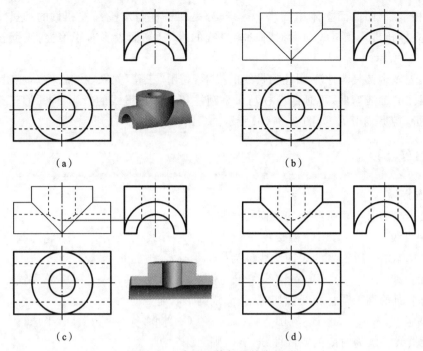

图 3-35　求两立体相贯的主视图

表面的相贯线是光滑封闭的空间曲线。内、外表面的相贯线左右、前后均对称,相贯线的水平、侧面投影有积聚性,两外表面的相贯线的正面投影为相交两线段,两内表面的相贯线正面投影弯向垂直于 W 面半圆柱孔的轴线,如图 3-35(a)所示。

作图:先画外表面相贯线的投影,利用"三等"关系,找特殊点画出垂直相交两线段,如图 3-35(b)所示。画内表面相贯线的投影,先找特殊点,画相贯线弯向半圆柱孔的轴线,相贯线不可见,画细虚线,如图 3-35(c)所示。检查、加深线段,如图 3-35(d)所示。

例 3-22　已知圆柱与 U 形柱正交的俯、左视图,补画出主视图,如图 3-36(a)所示。

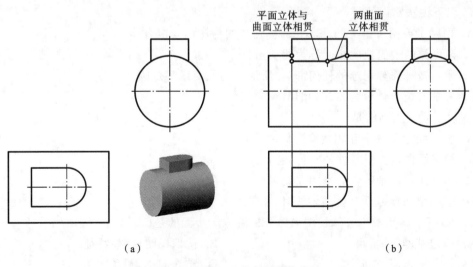

图 3-36　求两立体相贯的主视图

分析:水平圆柱和垂直 U 形柱正交,其相贯线分为两部分。一部分是半圆柱与水平圆柱相贯的相贯线(两曲面立体相贯)。另一部分是四棱柱与水平圆柱相贯的相贯线(平面立体与曲面立体相贯),相贯线前后对称。相贯线的水平、侧面投影有积聚性,正面投影待求,如图 3-36(a)所示。

作图:先画半圆柱与水平圆柱相贯线的投影,利用"三等"关系,找特殊点,相贯线向垂直于 W 面圆柱的轴线弯曲,再画四棱柱与水平圆柱相贯的相贯线的投影,向垂直于 W 面圆柱的轴线弯折,相贯线可见,如图 3-36(b)所示。

拓展与练习

一、选择题

1. 立体被平面截切所产生的表面交线称为(　　　)。

A. 相贯线　　　　　　B. 截交线　　　　　　C. 母线　　　　　　D. 轮廓线

2. 两立体相交所产生的表面交线称为(　　　)。

A. 相贯线　　　　　　B. 截交线　　　　　　C. 母线　　　　　　D. 轮廓线

3. 当平面垂直于圆柱轴线截切时,截交线的形状是(　　　)。

A. 圆　　　　　　　　B. 椭圆　　　　　　　C. 半圆　　　　　　D. 半球

4. 相贯线一般为封闭的空间曲线,有时则为(　　　)。

A. 直线　　　　　　　B. 平面曲线　　　　　C. 水平线　　　　　D. 铅垂线

5. 截平面倾斜于圆柱轴线时,截交线的投影(　　　)。

A. 可能是三条直线　　　　　　　　　　B. 可能是一个圆、两条直线

C. 可能是一条直线、两个椭圆　　　　　D. 可能是一条直线、两个圆

6. 两形体以(　　　)的方式相互接触称为相接。

A. 曲面　　　　　　　B. 平面　　　　　　　C. 相交　　　　　　D. 相切

7. 截平面平行于圆锥的任一素线时,截交线的形状为(　　　)。

A. 圆　　　　　　　　B. 双曲线　　　　　　C. 抛物线　　　　　D. 椭圆

8. 以下说法错误的是(　　　)。

A. 由两个或两个以上的基本几何体构成的物体称为组合体

B. 两形体的表面彼此相交称为相切

C. 用一截平面截切球的任何部位,所形成的截交线都是圆

D. 叠加类组合体分为相接、相切、相贯三种

9. 以下说法正确的是(　　　)。

A. 相贯线不是两个互相贯穿形体的共有线

B. 相贯线也是机器零件的一种表面交线

C. 相贯线一定是闭合的空间曲线

D. 当两个回转体具有公共轴线时,相贯线为一直线

10. 以下不属于看组合体视图形体分析法方法步骤的是(　　　)。

A. 确定基准,分析尺寸　　　　　　　　B. 认识视图,抓住特征

C. 分析投影,联想形体　　　　　　　　D. 综合起来,想象整体

二、作图题

1. 如图 3-37 所示,补画回转体被截切后的第三视图。

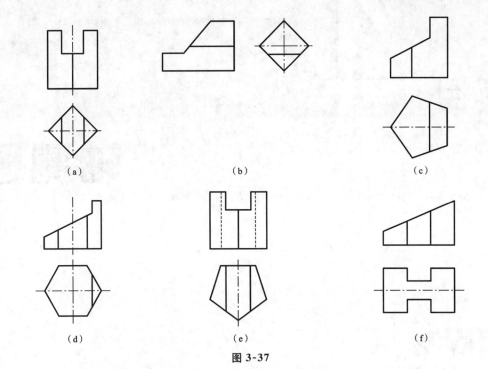

（a）　　　　　　　　　（b）　　　　　　　　　（c）

（d）　　　　　　　　　（e）　　　　　　　　　（f）

图 3-37

2. 补画图 3-38 中相贯线的投影。

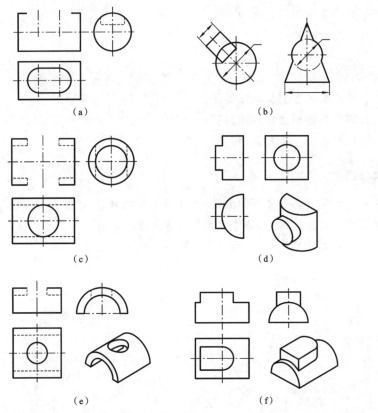

（a）　　　　　　　　　　　　　（b）

（c）　　　　　　　　　　　　　（d）

（e）　　　　　　　　　　　　　（f）

图 3-38

项目 **4**

轴测图

知识目标

（1）了解轴测图的种类，理解轴测图的基本性质和正等轴测图的形成。

（2）熟练掌握平面立体的正等轴测图的画法。

（3）理解斜二等轴测图的画法。

（4）理解轴测剖视图的画法。

能力目标

（1）能熟练绘制平面立体的轴测图。

（2）能熟练绘制曲面立体的轴测图。

（3）能熟练绘制斜二等轴测图。

思政目标

（1）培养学生的空间想象力和创造力，发扬创新精神。

（3）增强学生的团队精神、协作能力和集体荣誉感。

（4）激发学生的爱国热情，培养学生的民族自豪感和自信心。

　　物体的正投影图能够完整、准确地表达物体的形状和大小,具有作图简便、度量性好等优点,因此,工程图样常用正投影图来表达,如图 4-1(a)所示。由于正投影图立体感差,不易想象物体的形状,而轴测图立体感强,因此,工程上常采用其作为辅助图样,用于方案讨论及广告等,如图 4-1(b)所示。

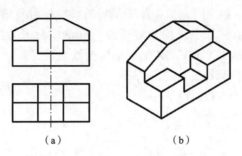

（a）　　　　　　　　　　　　（b）

图 4-1　正投影图与轴测投影图的比较

◀ 任务 4.1　轴测图的基本知识 ▶

一、轴测图的形成

　　轴测图是用平行投影法将物体连同确定其空间位置的直角坐标系,沿不平行于任一坐标平面的方向,投射在单一投影面(轴测投影面)上所得到的图形,如图 4-2 所示。

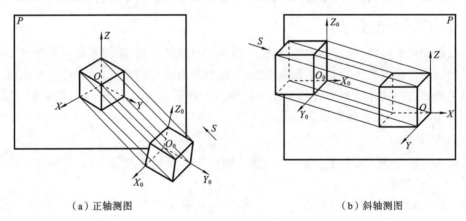

（a）正轴测图　　　　　　　　　　　　（b）斜轴测图

图 4-2　轴测图的形成

二、轴测图的基本概念及投影特性

1. 基本概念

1）轴测投影面

用来进行轴测投影的投影面称为轴测投影面,通常用 P 表示。

2）轴测轴

物体上确定其空间位置的直角坐标系的坐标轴,在轴测投影面上的投影称为轴测轴。通常,空间直角坐标系的坐标轴用 O_0X_0、O_0Y_0、O_0Z_0 表示,轴测坐标系的轴测轴用 OX、OY、OZ 表示。

3）轴间角

每两个轴测轴之间的夹角称为轴间角。通常用$\angle XOY$、$\angle XOZ$、$\angle YOZ$ 表示。由于空间坐标系的各坐标轴对轴测投影面的倾角可以不一样,因此,轴测轴的轴间角可以不一样。

4）轴向伸缩系数

在空间直角坐标系中,与空间直角坐标轴平行的线段投射到轴测投影面上,其投影长度往往会发生改变。因此,轴测轴上线段投影长度与它的实际长度之比称为轴向伸缩系数。通常,用 p_1、q_1、r_1 分别表示 OX、OY、OZ 轴的轴向伸缩系数,即

OX 轴的轴向伸缩系数为$OX/O_0X_0=p_1$；

OY 轴的轴向伸缩系数为$OY/O_0Y_0=q_1$；

OZ 轴的轴向伸缩系数为$OZ/O_0Z_0=r_1$。

2. 投影特性

由于轴测图是用平行投影法形成的,所以具有平行投影的特性。

1）定比性

空间同一线段上各段长度之比,等于其轴测投影长度之比。

2）平行性

空间互相平行的线段,其轴测投影仍互相平行。

3）度量性

凡与直角坐标轴平行的线段,其轴测轴必平行于相应的轴测轴,且伸缩系数与相应轴测轴的伸缩系数相同。因此,画轴测图时,就可以沿轴测轴或平行于轴测轴的方向度量。

三、轴测图的分类

按获得轴测投影的投射方向对轴测投影面的相对位置不同,轴测投影可分为两大类:用正投影法得到的轴测投影,称为正轴测投影;用斜投影法得到的轴测投影,称为斜轴测投影。

由于确定空间物体位置的直角坐标轴对轴测投影面的倾角大小不同,轴向伸缩系数也随之不同,故上述两类轴测投影又各分为三种。

1. 正轴测投影

正轴测投影分为正等轴测投影（正等轴测图）、正二等轴测投影（正二轴测图）和正三轴测投影（正三轴测图）。

（1）三个轴向伸缩系数均相等（$p_1=q_1=r_1$）的正轴测投影,称为正等轴测投影（简称正等测）。

（2）两个轴向伸缩系数相等（$p_1=q_1\neq r_1$ 或 $p_1=r_1\neq q_1$ 或 $q_1=r_1\neq p_1$）的正轴测投影,称为正二等轴测投影（简称正二测）。

（3）三个轴向伸缩系数均不相等（$p_1\neq q_1\neq r_1$）的正轴测投影,称为正三轴测投影（简称正三测）。

2. 斜轴测投影

斜轴测投影分为斜等轴测投影（斜等轴测图）、斜二等轴测投影（斜二轴测图）和斜三轴测投影（斜三轴测图）。

（1）三个轴向伸缩系数均相等（$p_1=q_1=r_1$）的斜轴测投影,称为斜等轴测投影（简称斜等测）。

（2）轴测投影面平行一个坐标平面，且平行于坐标平面的两根轴的轴向伸缩系数相等（$p_1=q_1\neq r_1$ 或 $p_1=r_1\neq q_1$ 或 $q_1=r_1\neq p_1$）的斜轴测投影，称为斜二等轴测投影（简称斜二测）。

（3）三个轴向伸缩系数均不等（$p_1\neq q_1\neq r_1$）的斜轴测投影，称为斜三轴测投影（简称斜三测）。

在实际工作中，正等测、斜二测用得较多，正（斜）三测的作图较繁，很少采用。本章只介绍正等测和斜二测的画法。

任务 4.2 正等轴测图的画法

一、轴间角和轴向伸缩系数

正等轴测图是将物体旋转到确定其空间直角坐标系的三个投影轴与轴测投影面的倾角都是 $35°16'$，这样与之相对应的轴间角就均为 $120°$，即 $\angle XOY=\angle XOZ=\angle YOZ=120°$。在画图中，规定 OZ 轴为竖直方向。轴间角如图 4-3(a)所示。

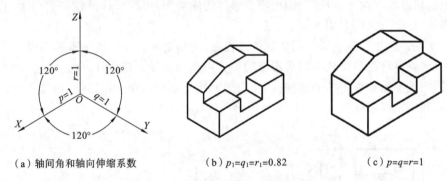

(a) 轴间角和轴向伸缩系数　　　(b) $p_1=q_1=r_1=0.82$　　　(c) $p=q=r=1$

图 4-3　正等轴测图的轴间角和轴向伸缩系数

在正等轴测图中，OX、OY、OZ 三个轴的轴向伸缩系数相等，即 $p_1=q_1=r_1=\cos35°16'\approx0.82$。为了作图方便，将轴向伸缩系数简化为 1（即 $p=q=r=1$），画出的轴测图比原轴测图沿各轴向分别放大了约 1.22 倍，如图 4-3(b)、(c)所示。

二、正等轴测图的画法

1. 平面立体正等轴测图的画法

1) 坐标法

绘制平面立体正等轴测图的基本方法是坐标法。它是根据物体的形状特点，选定合适的直角坐标系的坐标轴，画出轴测轴，然后按物体上各点的坐标关系画出其轴测投影，并连接各点形成物体的轴测图的方法。

例 4-1　根据六棱柱的两个视图，用坐标法画出它的正等轴测图。

分析：首先选定直角坐标系的坐标轴及坐标原点，为了避免作出不可见的作图线，一般选择顶面的中心为坐标原点，然后再依次选择坐标轴。

作图：在投影图上选定坐标轴和坐标原点，如图 4-4(a)所示。画轴测轴，根据尺寸 D、S 在轴测轴上画出点 Ⅰ、Ⅳ、A、B，如图 4-4(b)所示。过点 A、B 分别作直线平行 OX 轴，并在

点 A、B 的两边各取 $L/2$ 画出点 Ⅱ、Ⅲ、Ⅴ、Ⅵ。然后依次连接各顶点得六棱柱顶面轴测图，如图 4-4(c)所示。过各顶点沿 OZ 轴负方向画侧棱线，量取高度尺寸 H，依次连接得底面轴测图（轴测图上不可见轮廓线一般不画），最后检查加深，如图 4-4(d)所示。

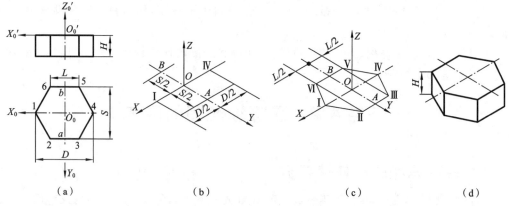

图 4-4　用坐标法画正等轴测图

2）切割法

对于挖切形成的物体，可以先画出完整形体的轴测图，再按形体的挖切过程逐一画出被切去的部分，这种方法称为切割法。

例 4-2　根据图 4-5(a)所示的切割体三视图，用切割法画出它的正等轴测图。

分析：该物体是由四棱柱切割后形成的。先用坐标法画出四棱柱，再进行逐一切割。

作图：把投影图补成完整的四棱柱，在视图上建立坐标系和坐标原点，如图 4-5(a)所示。画轴测轴，利用坐标法依据 L、H、B 尺寸画出四棱柱的轴测图，如图 4-5(b)所示。在轴测图

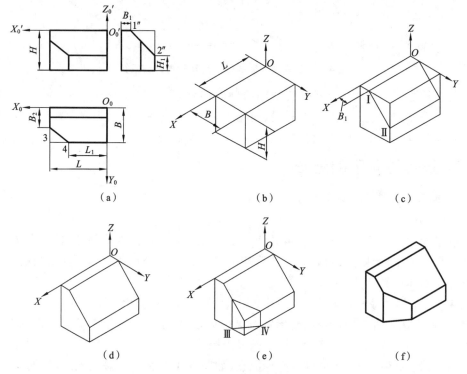

图 4-5　用切割法画正等轴测图

上定出两点Ⅰ、Ⅱ,用侧垂面切角,如图4-5(c)、(d)所示。定出两点Ⅲ、Ⅳ,用正垂面切角,如图4-5(e)所示。擦去作图线,加深可见部分,得出切割体的正等轴测图,如图4-5(f)所示。

3)组合法

对于叠加体,可用形体分析法将其分解成若干个基本体,然后按各基本体的相对位置关系画出轴测图,这种方法称为组合法。

例 4-3 如图4-6(a)所示,叠加体的三视图,用切割法和组合法画出它的正等轴测图。

分析:该叠加体可分解为三部分,按照它们的相对位置关系分别画出每一部分轴测图,再用切割法切去多余的部分,即得叠加体的轴测图。

作图:根据图4-6(a)的三视图,画出底板的正等轴测图,如图4-6(b)所示。画槽形板的正等轴测图,槽形板后端面的对称点与底板上的 O 点应重合,如图4-6(c)所示。画肋板的正等轴测图,如图4-6(d)所示。检查加深可见的轮廓线,得叠加体正等轴测图,如图4-6(e)所示。

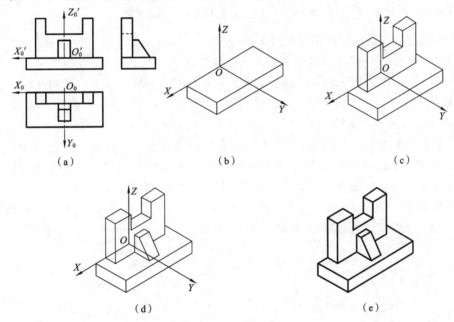

图 4-6 组合法正等轴测图的画法

2. 回转体正等轴测图的画法

1)平行于坐标面的圆的正等轴测图的画法

平行于三个坐标面的圆的正等轴测投影均为椭圆,如图4-7所示。这些椭圆具有如下特点。

(1)椭圆的长短轴大小及方向。在画圆的正等轴测图中,保持 XOZ 平面与 V 面平行,这时椭圆的长短轴大小及方向与轴测投影轴的关系如下。

平行于 XOZ 面:椭圆长轴长约为 $1.22d$,垂直于 OY 轴;短轴长约为 $0.7d$,平行于 OY 轴。

平行于 XOY 面:椭圆长轴长约为 $1.22d$,垂直于 OZ 轴;短轴长约为 $0.7d$,平行于 OZ 轴。

平行于 YOZ 面:椭圆长轴长约为 $1.22d$,垂直于 OX 轴;短轴长约为 $0.7d$,平行于 OX 轴。

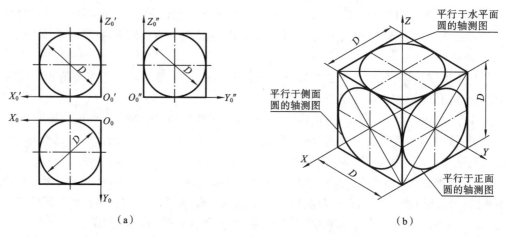

（a）   （b）

图 4-7 平行于各坐标面的圆的正等轴测图

（2）椭圆的近似画法。椭圆常用菱形四心法。

例 4-4 画出图 4-8（a）所示的水平圆的正等轴测图。

分析：它是用四段圆弧组成一个椭圆，弧的端点正好是椭圆外切菱形的切点。

作图：过圆心点 O_0 作坐标轴 O_0X_0 和 O_0Y_0，再作圆的外切正方形，切点为 1、2、3、4，如图 4-8（a）所示。画出轴测轴 OX、OY。从点 O 沿轴向量取圆的半径，得切点 Ⅰ、Ⅱ、Ⅲ、Ⅳ 。过各切点分别作轴测轴的平行线，得圆外切正方形的轴测图——菱形，再作菱形的对角线，如图 4-8（b）所示。作菱形两顶点 A、B 和其两对边中点的连线（这些连线就是各菱形边的中垂线），交菱形长对角线于点 C、D，点 A、B、C、D 即是画近似椭圆的四个圆心，如图 4-8（c）所示。分别以点 A、B 为圆心，AⅣ 为半径画出两大圆弧；以点 C、D 为圆心、CⅠ 为半径画出两小圆弧。四个圆弧组成近似椭圆，如图 4-8（d）所示。

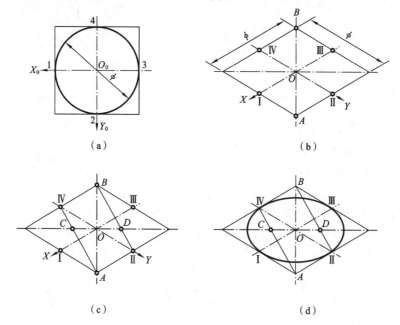

（a）   （b）

（c）   （d）

图 4-8 正等轴测椭圆的近似画法

2）圆柱正等轴测图的画法

例 4-5 依据所给两视图，画出圆柱的正等轴测图，如图 4-9（a）所示。

作图：在圆柱视图上选取顶圆圆心为坐标原点，画出坐标轴，如图 4-9（a）所示。画轴测轴，定上下底的中心，画出上下底的菱形，如图 4-9（b）所示。用菱形四心法画出上下底椭圆，作出左右公切线，如图 4-9（c）所示。擦去多余图线和不可见部分并加深图线，如图 4-9（d）所示。

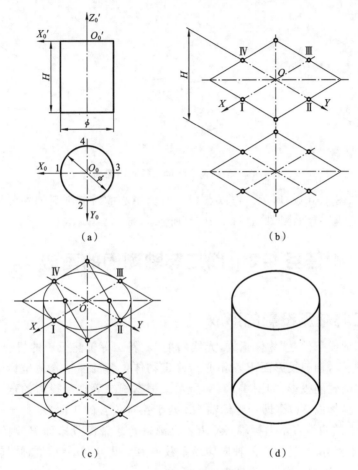

（a） （b）

（c） （d）

图 4-9 圆柱正等轴测图画法

3）带圆角底板的正等轴测图画法

例 4-6 根据图 4-10（a）所示的机件两视图，画出带圆角（1/4 圆弧）底板的正等轴测图。

分析：图 4-10 所示的机件底板上有两个圆角（1/4 圆弧），这两个圆角在轴测图上可认为是两个 1/4 圆柱面。图 4-10（a）所示的视图上，这两个圆弧各相应于整圆的 1/4，可以采用近似画法画出它们的正等轴测投影。以各角顶点为圆心，圆角半径为半径，这样各自的圆心在所作外切菱形各中点垂线的交点上，圆弧半径也随之而定，画出该圆角两边垂足间的圆弧即可。

作图：先画出底板的正等轴测图，并根据半径 R 得到上端面的四个切点 Ⅰ、Ⅱ、Ⅲ、Ⅳ，如图4-10（b）所示。过四个切点分别作相应边的垂线，得底板上端面圆角的圆心点 O_1、O_2，如图 4-10（c）所示。过圆心点 O_1、O_2 作圆弧切于点 Ⅰ、Ⅱ、Ⅲ、Ⅳ，如图 4-10（d）所示。用移心法，从两圆心点 O_1、O_2 处向下量取板厚，得底板下端面圆角的两圆心点 O_3、O_4。过两圆心点

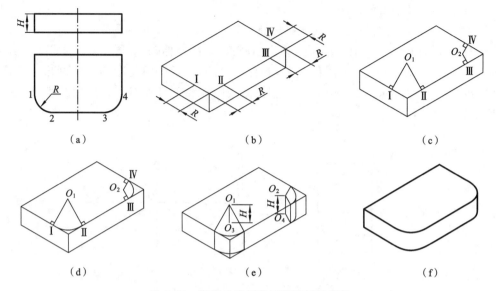

（a）　　　　　　　　　　（b）　　　　　　　　　　（c）

（d）　　　　　　　　　　（e）　　　　　　　　　　（f）

图 4-10　带圆角底板的正等轴测图画法

O_3、O_4 作圆弧,如图 4-10(e)所示。作以点 O_1、O_2 为中心的对应圆弧的外公切线,擦去多余的作图线,加深完成正等轴测图,如图 4-10(f)所示。

任务4.3　斜二等轴测图的画法

一、斜二等轴测投影的形成

斜轴测图的形成条件是"物体正放,光线斜射"。斜二等轴测投影的投射方向 S 倾斜于轴测投影面 P,这样,轴测投影面 P 就不必与确定物体位置的三根直角坐标轴都倾斜相交,也可以得到物体的轴测投影,如图 4-11(a)所示。根据斜二等轴测投影的定义,如果使确定物体位置的一个坐标面 XOZ(即令坐标轴 OZ 处于铅垂位置的正面)平行于轴测投影面 P,则坐标面 XOZ 上的两根直角坐标轴 OX、OZ 也都平行于轴测投影面 P,则轴测轴 OX、OZ 分别仍为水平、铅直方向,且它们的轴向伸缩系数均为1,即 $p=r=1$,这种斜轴测投影,称为斜二等轴测投影,简称斜二测,如图 4-11(b)所示。

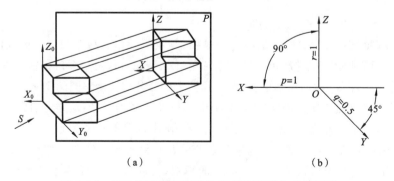

（a）　　　　　　　　　　　　　（b）

图 4-11　斜二等轴测图的形成、轴间角和轴向伸缩系数

二、斜二等轴测投影的投影特性

（1）斜二等轴测投影的投射方向 S 倾斜于轴测投影面 P。

（2）由于确定物体的一个坐标面 XOZ（或 YOZ）平行于轴测投影面 P，那么，物体的轴测投影就是与该坐标面平行的平面图形，其斜二等轴测投影反映实形。

三、斜二等轴测投影的轴间角和轴向伸缩系数

1. 轴间角

由于确定物体位置的坐标面 XOZ 或 YOZ 平行于轴测投影面 P，所以，轴测轴 OX 和 OZ 之间的轴间角反映实形（即 $\angle XOZ = 90°$），改变投射方向 S，可使轴测轴 OY 在轴间角 $\angle XOZ$ 的角平分线上，即 $\angle XOY = \angle YOZ = 135°$，如图 4-11(b) 所示。

2. 轴向伸缩系数

同理，由于确定物体位置的坐标面 XOZ（或 YOZ）平行于轴测投影面 P，因此，其上的两根直角坐标轴 OX、OZ 也平行于轴测投影面 P，它们的轴向伸缩系数相等，且为 1（即 $p = r = 1$），改变投影方向，可使轴测轴 OY 的轴向伸缩系数为 0.5（即 $q = 0.5$），如图 4-11(b) 所示。

斜二等轴测图的特点是：物体上凡平行于坐标面 $X_0O_0Z_0$ 的平面，在轴测图上都反映实形。凡平行于轴测轴 OY 的线段长度均减半，因此，当物体某一方向上有较多圆或圆弧曲线时，常采用此方法作图。

四、斜二等轴测图的画法

1. 平行于坐标面的圆的斜二等轴测图的画法

在斜二等轴测图 4-12(a) 中，平行于坐标面 $X_0O_0Z_0$ 上的圆反映该圆的实形；平行于坐标面 $X_0O_0Y_0$ 和 $Y_0O_0Z_0$ 上的圆的投影是形状相同、方向不同的椭圆。它们的长轴与圆所在的坐标面上的一根轴测轴成 $7°10'$（$\approx 7°$）的夹角。它们的长轴约为 $1.06d$，短轴约为 $0.33d$。上述椭圆画法比较麻烦，如图 4-12(b)~(d) 所示，描述出了平行于坐标面 XOY 的圆的斜二等轴测投影（椭圆）的画法：① 在图 4-12(b) 中，确定长短轴方向和椭圆上四个点画圆的外切正方形的斜二等轴测图，与 OX、OY 轴相交得中点 1、2、3、4，作 AB 与 OX 轴成 $7°10'$，AB 即长轴方向，作 $CD \perp AB$，CD 即短轴方向；② 在图 4-12(c) 中，确定四段圆弧的圆心，在短轴 CD 的延长线上取 $O5 = O6 = d$（圆的直径），点 5、6 即长轴圆弧的圆心，连 52、61 与长轴交于点 8、7，点 7、8 即短圆弧中心；③ 在图 4-12(d) 中，画长短圆弧，以 5、6 为圆心，52 为半径画长圆弧，以点 7、8 为圆心，71 为半径画短圆弧，长短圆弧在点 1、9、2、10 处连接。所以，当物体只在一个方向上有较多圆或圆弧曲线时，用斜二等轴测图较方便。

2. 斜二等轴测图画法举例

例 4-7　已知组合体的三视图，如图 4-13(a) 所示，画出它的斜二等轴测图。

作图：在视图上选择坐标轴，如图 4-13(a) 所示。画出轴测轴，运用形体分析法将组合体分解为支座和支架两部分。画出支座前端面的图形，该图形与主视图中支座部分的图形完全一样，如图 4-13(b) 所示。在 OY 轴上，沿点 O 向后移支座宽度 L 的一半（$L/2$），画出支座的后端面图形及可见的轮廓线，得到支座的斜二等轴测图，如图 4-13(c) 所示。确定支架前端面圆心相对于支架的位置，画出支架前端面图形，该图形与主视图中支架部分的图形完全一样，如图 4-13(d) 所示。将支架前端面圆心沿 OY 轴方向向后移支架宽度

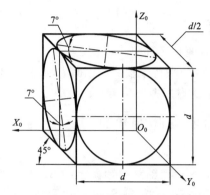

（a）平行于三个坐标面的圆的斜二等轴测图

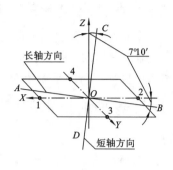

（b）定长轴和短轴

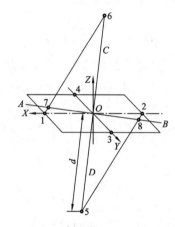

（c）定四段圆弧的圆心

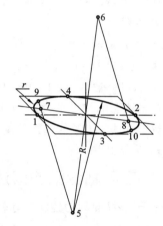

（d）画长、短圆弧

图4-12 平行于坐标面的圆的斜二等轴测图画法

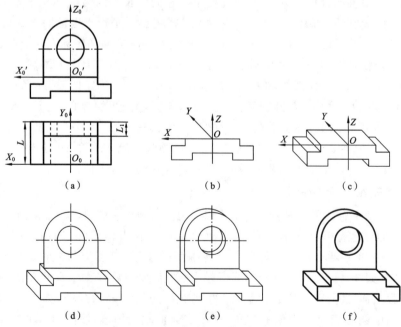

（a）　　　　　　　（b）　　　　　　　（c）

（d）　　　　　　　（e）　　　　　　　（f）

图4-13 组合体的斜二等轴测图画法

L_1 的一半（$L_1/2$），画出支架后端面的图形，并画出其他可见轮廓线及圆弧的公切线，如图 4-13（e）所示。擦去多余的作图线，检查、加深，得到组合体的斜二等轴测图，如图 4-13（f）所示。

◀ 任务4.4　轴测剖视图的画法 ▶

在轴测图中，为了表达物体的内部形状，可以假想用剖切平面将物体的一部分剖去，这种剖切后的轴测图称为轴测剖视图。为了使物体的内外结构都表达清楚，一般用两个平行于坐标面的相交平面剖开物体。

一、轴测图上剖面线的画法

一般用两个互相垂直的轴测坐标面（或其平行面）进行剖切。

画轴测剖视图时注意事项如下。

1. 剖切平面的位置

为了使图形清楚并便于作图，剖切平面一般应通过物体的主要轴线或对称平面，并且平行于坐标面，通常把物体切去四分之一，这样，就能同时表达物体的内外形状。

2. 剖面线的画法

用剖切平面剖开物体后得到的断面上应填充剖面符号与未剖切部位相区别。不论是什么材料，剖面符号一律画成互相平行的等距细实线。

剖面线的方向随不同轴测图的轴测轴方向和轴向伸缩系数而有所不同。图 4-14（a）所示为正等测的剖面线方向，图 4-14（b）所示为斜二测的剖面线方向。

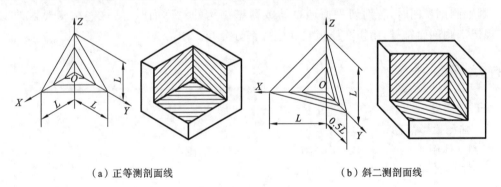

（a）正等测剖面线　　　　　　　　　（b）斜二测剖面线

图 4-14　常用轴测图上剖面线的方向

二、轴测剖视图的画法

1. 先画外形再剖切

例 4-8　如图 4-15（a）所示，绘制物体的轴测剖视图。

作图：首先画完整的外形，并定出剖切平面的位置，如图 4-15（b）所示，然后画出剖切平面与物体的交线，如图 4-15（c）所示，最后加深，擦去多余线条，加画剖面线，如图 4-15（d）所示。

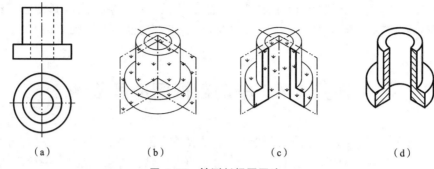

| (a) | (b) | (c) | (d) |

图 4-15　轴测剖视图画法一

2. 先画断面形状，后画外形

例 4-9　如图 4-16(a)所示，绘制物体的轴测剖视图。

作图：首先定出剖切平面的位置，画出断面形状，如图 5-16(b)所示，然后画出断面后面可见部分的投影并加深，如图 4-16(c)所示。这种方法可以少画切去部分的外形线。

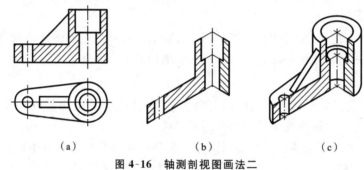

| (a) | (b) | (c) |

图 4-16　轴测剖视图画法二

画轴测剖视图时，若剖切平面通过肋或薄壁结构的对称面时，则这些结构要素的剖面内，规定不画剖面符号，用粗实线把它和连接部分分开。

拓展与练习

一、选择题

1. 轴测投影简称（　　）。

A. 立体图　　　　　　B. 正等测　　　　　　C. 轴测图　　　　　　D. 斜二测

2. 正等轴测图中各轴间角均为（　　）。

A. 135°　　　　　　　B. 270°　　　　　　　C. 90°　　　　　　　D. 120°

3. 绘制轴测图依据的投影法是（　　）。

A. 中心投影法　　　　　　　　　　　　B. 正投影法

C. 斜投影法　　　　　　　　　　　　　D. 正投影法和斜投影法

4. 斜二等轴测图中，XOZ 轴间角为（　　）。

A. 135°　　　　　　　B. 270°　　　　　　　C. 90°　　　　　　　D. 120°

5. 与轴测轴（　　）的线段，按该轴的轴向伸缩系数进行度量。

A. 垂直　　　　　　　B. 平行　　　　　　　C. 倾斜　　　　　　　D. 相切

6. 绘制轴测图时，必须沿（　　）测量尺寸。

A. 水平方向　　　　　B. 铅垂方向　　　　　C. 轴向　　　　　D. 径向

7. 当物体上一个方向的圆和孔较多时,采用(　　　)比较方便。

A. 正等测　　　　　B. 斜等测　　　　　C. 正等测或斜二测　　D. 斜二测

8. 根据图 4-17 选择正确的轴测图(　　　)。

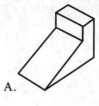
A.

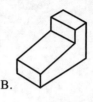
B.

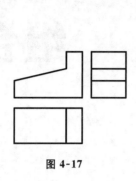
图 4-17

C.

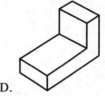
D.

9. 根据图 4-18 选择正确的轴测图(　　　)。

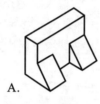
A.

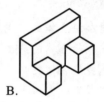
B.

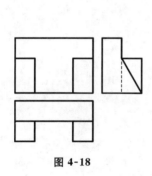
图 4-18

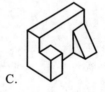
C.

D.

10. 根据图 4-19 选择正确的轴测图(　　　)。

A.

B.

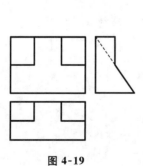
图 4-19

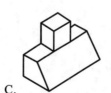
C.

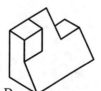
D.

项目 5

组合体

知识目标

（1）理解组合体的组成方式和表面连接关系。

（2）掌握组合体的绘图方法和形体分析法。

（3）掌握组合体的尺寸标注。

（4）掌握组合体的读图方法和步骤。

能力目标

（1）会判断各种类型组合体的表面连接关系。

（2）会运用形体分析法分析组合体，能正确使用绘图方法来绘制组合体的三视图。

（3）能清晰完整标注组合体的尺寸。

（4）能读懂组合体的三视图。

思政目标

（1）提高学生独立分析问题的能力。

（2）培养学生严以律己、知难而进的意志力，以及精益求精的良好职业品质。

（3）学会透过现象看本质，用唯物辩证法的观点分析问题和解决问题。

任务 5.1 组合体的组成方式

一、组合体的形成

任何物体,从构成角度分析,都可以看成是由若干基本形体(简称基本体)组合而成。这种由若干基本体组合成的物体,称为组合体。组合体的形成主要取决于构成它的基本体形状、基本体间的组合方式及组合体组合时邻接表面之间的相互位置关系。

1. 组合体的组合方式

物体的形状是多种多样的,但从形体角度来看,都可以认为由若干基本体(如棱柱、棱锥、圆柱、圆锥、球、圆环)通过叠加和挖切两种方式组合而成。

1) 叠加

实形体与实形体进行组合,如图 5-1 所示。

2) 挖切

从实形体中挖去一个实形体,被挖去的部分就形成空形体(空洞);或是从实形体中切去一部分,使被切的实形体成为不完整的基本几何体,如图 5-2 所示。

有时组合体既有叠加,也有挖切,如图 5-3 所示。

图 5-1 叠加类组合体　　　图 5-2 挖切类组合体　　　图 5-3 含叠加、挖切的组合体

2. 组合体邻接表面关系

形体组合在一起,其相邻表面连接关系可分为:共面(不共面)、相交、相切等。连接关系不同,连接处投影的画法也不同。

1) 共面

当两形体的表面平齐而共面时,两表面交界处不应画线。不共面:当两形体的表面不平齐(不共面)时,两表面交界处应画交线,如图 5-4 所示。

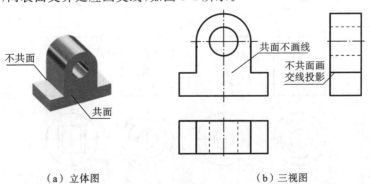

（a）立体图　　　　　　　　　　（b）三视图

图 5-4 两表面共面(不共面)

2）相切

当两形体表面相切时,相切处光滑连接,没有交线,该处投影不应画线,相邻平面的投影应画到切点,如图5-5所示。

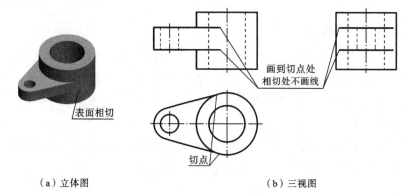

（a）立体图　　　　　　　　　　　　　　　（b）三视图

图 5-5　平面与曲面相切

3）相交

当两形体表面相交时,两表面交界处有交线,应画出交线的投影,如图5-6所示。

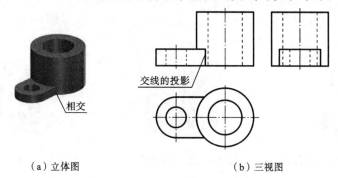

（a）立体图　　　　　　　　　　　　　　　（b）三视图

图 5-6　平面与曲面相交

3. 典型结构的画法

（1）阶梯孔的画法,如图5-7所示。

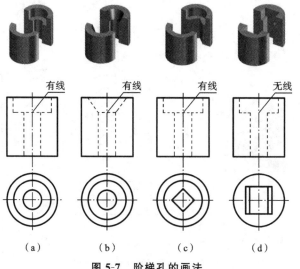

（a）　　　　（b）　　　　（c）　　　　（d）

图 5-7　阶梯孔的画法

（2）圆柱切角与切槽的画法，如图 5-8、图 5-9 所示。

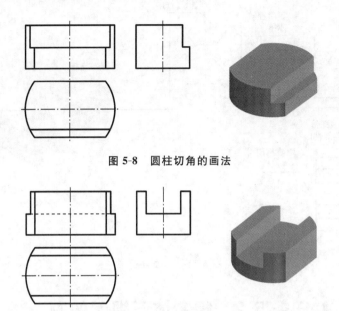

图 5-8　圆柱切角的画法

图 5-9　圆柱切槽的画法

二、组合体的形体分析

1. 形体分析法

任何复杂的形体，都可以看成是由一些简单形体组合而成的。如图 5-10 所示，轴承座可看成由底板（挖切两个小孔）、肋板、支撑板和圆筒四部分叠加构成。这种假想把组合体分解为若干个简单形体，分析各简单形体的形状、相对位置、组合形式及表面连接关系的分析方法，称为形体分析法。它是进行组合体画图、读图和尺寸标注的主要方法。该法解决叠加类问题较好，其优点是把不熟悉的立体变为熟悉的简单形体。

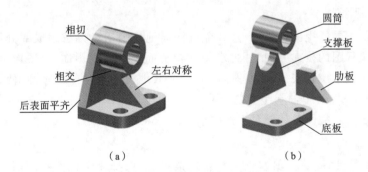

（a）　　　　　　　（b）

图 5-10　轴承座的形体分析

2. 线面分析法

图 5-11 所示的实体是由四棱柱经过挖切形成的。物体是由面围成的，面由线或线框表示，不同的线或线框表示不同的面，用此规律分析物体表面形状、相对位置及投影的方法，称线面分析法。该法解决切割类问题较好。它是进行组合体画图和读图的辅助方法。

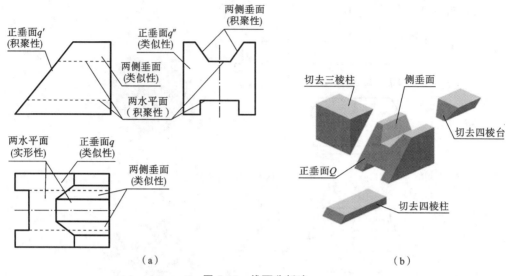

图 5-11　线面分析法

◀ 任务5.2　组合体三视图的画法 ▶

一、叠加式组合体三视图的画法

现以图 5-10 所示轴承座为例,说明画叠加式组合体三视图的方法与步骤。

1. 形体分析

画图前,要对组合体进行形体分析,弄清各部分形状、相对位置、组合形式及表面连接关系等。该轴承座主要由底板、支撑板、肋板和圆筒四部分叠加构成,且挖切了一个大孔、两个小孔。支撑板和肋板叠在底板上方,肋板与支撑板前面接触;圆筒由支撑板和肋板支撑;底板、支撑板和圆筒三者后面平齐,整体左右对称。

2. 选择主视图

主视图是最主要的视图,一般应选择能较明显地反映组合体各组成部分形状和相对位置的方向作为主视图的投射方向,并力求使主要平面平行于投影面,以便投影反映实形,同时考虑物体应按正常位置安放,自然平稳,并兼顾其他视图表达的清晰性(使视图中尽量少出现虚线)。图 5-12(a)中轴承座主视图可沿 A、B、C、D 四个方向投射得到,沿 B 箭头方向投射所得视图作为主视图较能满足上述要求,如图 5-12(b)所示。

3. 画图步骤

(1) 选比例、定图幅。根据实物大小和复杂程度,选择作图比例和图幅。一般情况下,尽可能选用 1∶1。确定图幅大小时,除考虑绘图所需面积外,还要留够标注尺寸和画标题栏的位置。

(2) 布置视图。根据各视图的大小,视图间应留有足够的标注尺寸及画标题栏的位置等,画出各视图作图基准线。一般以对称平面、较大的平面(底面、端面)和轴线的投影作为基准线,如图 5-13(a)所示。

(3) 画底稿。应用形体分析法,逐个形体绘制,按照先主后次、先叠加后切割、先大后小的

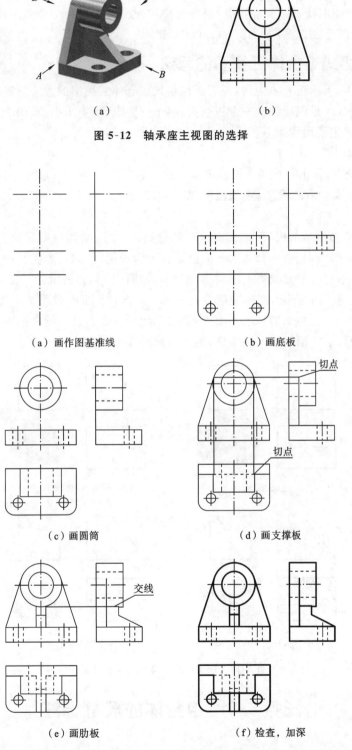

（a）　　　　　　　　　　（b）

图 5-12　轴承座主视图的选择

（a）画作图基准线　　　　　　（b）画底板

（c）画圆筒　　　　　　（d）画支撑板

切点

切点

（e）画肋板　　　　　　（f）检查，加深

交线

图 5-13　轴承座的画图步骤

顺序绘图。画每一形体时,先画特征视图后画另两视图,先画可见部分后画不可见部分,先画圆弧后画直线,三个视图同时画。底稿图线要细、轻、准,如图 5-13(b)、(c)、(d)、(e)所示。

(4) 检查加深图线。画完底稿后,要仔细校核,改正错误,补全缺漏图线,擦去多余作图线,然后按规定线型加深图线,如图 5-13(f)所示。

二、挖切式组合体三视图的画法

现以图 5-11 所示组合体为例,说明画挖切式组合体三视图的方法与步骤。

分析:该组合体是四棱柱被一个正垂面、两个侧垂面、两个水平面、两个正平面挖切后形成的。该类形体主要用线面分析法作图。

作图步骤如下。

(1) 布置视图,画出各视图作图基准线,先画四棱柱的三视图,如图 5-14(a)所示。

(2) 作正垂面切后的投影,主视图积聚为线段,俯、左视图为类似形(矩形),如图 5-14(b)所示。

(3) 作切 V 形槽后的投影,左视图两个侧垂面、一个水平面投影积聚为线段,主视图两侧垂面投影为类似形(直角梯形),水平面投影积聚为线段(细虚线),俯视图两侧垂面投影为类似形(直角梯形),水平面投影反映实形(矩形),如图 5-14(c)所示。

(4) 作切方槽后的投影,左视图两个正平面、一个水平面投影积聚为线段,主视图两正平面投影反映实形(直角梯形),水平面投影积聚为线段(细虚线),俯视图两正平面投影积聚为线段(细虚线),水平面投影反映实形(矩形),如图 5-14(d)所示。

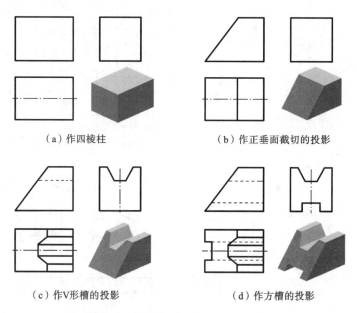

(a) 作四棱柱　　　　　　　(b) 作正垂面截切的投影

(c) 作V形槽的投影　　　　　　(d) 作方槽的投影

图 5-14　挖切类组合体三视图的画法

◀ 任务5.3　组合体的尺寸标注 ▶

组合体的视图只能反映它的形状与结构,而它的真实大小及各结构之间的相对位置必须由图上标注的尺寸确定。

一、尺寸标注的基本要求

(1) 正确:尺寸数值正确没有错误。尺寸注法正确,符合机械制图国标规定。

(2) 完全:尺寸必须注全,不能遗漏或重复。

(3) 清晰:尺寸布置整齐清晰,便于读图。

(4) 合理:所注尺寸既能保证设计要求,又能满足加工、装配、测量等生产工艺的要求(这一要求将在零件图、装配图两章讲述)。

二、尺寸基准

标注尺寸的起点称为尺寸基准。

组合体是一个空间形体,它具有长、宽、高三个方向的尺寸,每个方向至少有一个尺寸基准,如果同一方向有几个尺寸基准,则其中有一个为主要基准,其余为辅助基准。辅助基准与主要基准之间必须有尺寸联系。

组合体的基准,常取底面、端面、对称平面、回转体的轴线以及圆的中心线等作为尺寸基准。

三、尺寸分类

组合体的尺寸较多,按它们的作用可分为三类。

1. 定形尺寸

定形尺寸是确定组合体组成部分的形状和大小的尺寸,如图 5-15 所示,其中 $2×\phi8$、$\phi18$、$\phi52$、$\phi10$、$4×\phi8$、$\phi36$ 为定形尺寸。

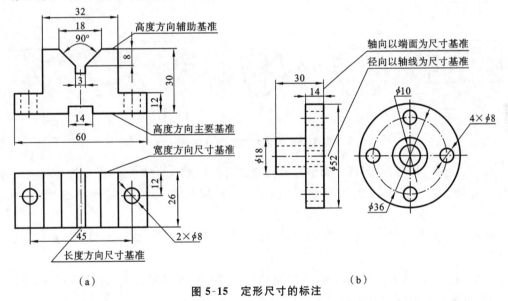

图 5-15 定形尺寸的标注

2. 定位尺寸

定位尺寸是确定组合体各组成部分之间相对位置的尺寸,如图 5-15 所示,图(a)中主视图的 32、18、3、14、8、12,俯视图的 45、12,图(b)中主视图的 30、14,这些都为定位尺寸。

3. 总体尺寸

总体尺寸是确定组合体总长、总宽、总高的外形尺寸。若组合体的端部为回转体,则该处总体尺寸一般不直接注出,通常只注回转体中心线位置尺寸,如图 5-15 所示的 60、26、30

为总体尺寸。

以上三类尺寸必须注全,不要遗漏,也不要重复,以免影响图面清晰或造成矛盾。

四、基本体的尺寸标注

1. 平面立体的尺寸标注

对于平面立体,一般标注长、宽、高三个方面的尺寸,根据开关特点,有时尺寸重合为两个或一个,标注尺寸后视图有时也可以减少,如图 5-16 所示。

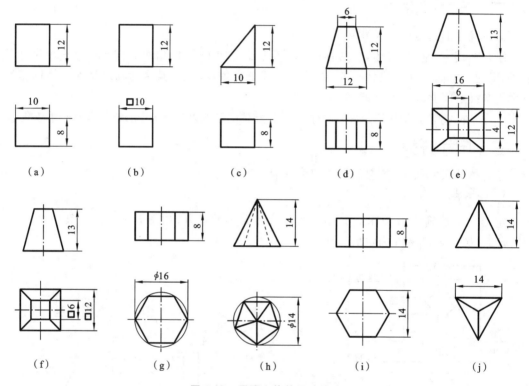

图 5-16　平面立体的尺寸注法

棱柱、棱锥及棱台,除了标注确定其顶面和底面形状大小的尺寸外,还要标注高度尺寸。为便于看图,确定顶面和底面形状大小的尺寸宜标注在反映其实形的视图上,如图 5-16(a)～(f)所示。

标注正方形尺寸时,采用在正方形边长尺寸数字前加注符号"□"的形式,如图 5-16(b)、(f)所示。

底面为正多边形的棱柱和棱锥,其底面尺寸一般标注外接圆直径,如图 5-16(g)、(h)所示,但也可根据需要标注成其他形式,如图 5-16(i)、(j)所示。

2. 回转体的尺寸标注

圆柱、圆锥和圆锥台,应标注底圆直径和高度尺寸。直径尺寸一般标注在非圆视图上,并在数字前加注符号"ϕ",如图 5-17(a)、(b)、(c)所示。当把尺寸集中标注在一个非圆视图上时,这个视图即可表示清楚它们的形状和大小。

标注球的尺寸时,需在直径数字前加注符号"$S\phi$",如图 5-17(d)所示。

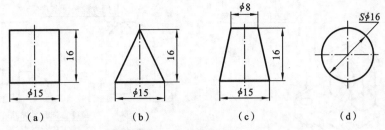

图 5-17　回转体的尺寸注法

3. 截断体和相贯体的尺寸标注

由于截交线和相贯线的形状和大小取决于形成交线的平面与立体,或立体与立体的形状、大小及其相对位置,即交线是在加工时自然产生的,画图时是按一定的作图方法求得的,故标注截断体的尺寸时,一般先注未截切之前形体的定形尺寸,然后标注截平面的定位尺寸,而不标注截交线的定形尺寸。同理,标注相贯体的尺寸时,只需标注参与相贯各立体的定形尺寸及其相互间的定位尺寸。所以,截交线和相贯线上不应直接标注尺寸,如图5-18所示。图中打"×"的为多余尺寸,应去掉。

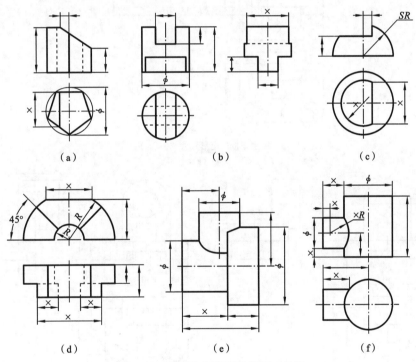

图 5-18　截断体和相贯体的尺寸注法

五、组合体尺寸标注的步骤

标注组合体的尺寸时,应先对组合体进行形体分析,选择基准,标注出定形尺寸、定位尺寸和总体尺寸,最后检查、核对。

(1) 进行形体分析。

该支座由底板、圆筒、支撑板、肋板四个部分组成,它们之间的组合形式为叠加。

(2) 选择尺寸基准,如图 5-19(a)所示。

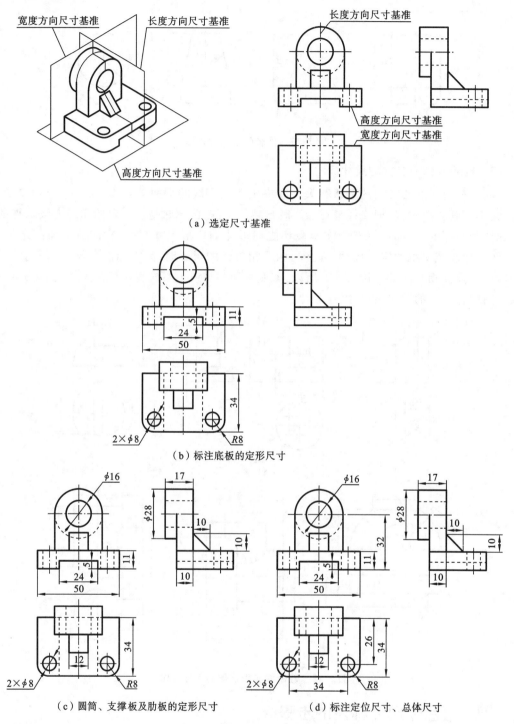

（a）选定尺寸基准

（b）标注底板的定形尺寸

（c）圆筒、支撑板及肋板的定形尺寸

（d）标注定位尺寸、总体尺寸

图 5-19   标注组合体尺寸的步骤

（3）根据形体分析，逐个注出底板、圆筒、支撑板、肋板的定形尺寸，如图 5-19（b）、（c）所示。

（4）根据选定的尺寸基准，注出确定各部分相对位置的定位尺寸，如图 5-19（d）所示。

（5）标注总体尺寸，检查。

◀ 任务 5.4　读组合体的视图 ▶

读图是根据视图想象出空间物体的结构形状,是画图的逆过程。

一、读图时应注意的问题

1. 视图中的线面分析

视图中粗实线(虚线)可以表示平面(或曲面)具有积聚性的投影、曲面的转向轮廓线的投影、交线的投影。

视图中的每一个封闭线框可以是物体上不同位置平面、曲面或孔洞的投影,如图 5-20 (b)所示。

2. 视图中面的相对位置分析

视图中任何相邻的线框一定是两个相交面或前、后两面的投影,如图 5-20(b)所示。

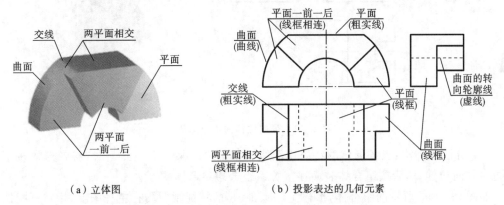

（a）立体图　　　　　　　　（b）投影表达的几何元素

图 5-20　组合体视图中线面及两面相对位置分析

3. 从反映形体特征的视图入手,几个视图联系起来看

1）几个视图联系起来看

一个或两个视图具有不确定性,必须几个视图一起看,互相对照,同时分析,才能正确地想象物体的形状。如图 5-21(a)所示,已知物体的主、俯视图,可以构思出不同形状的物体,如图 5-21(b)所示。

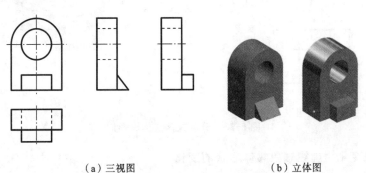

（a）三视图　　　　　　　　（b）立体图

图 5-21　两个视图可构思出多种不同的形体

2）找有积聚性的特征视图,用拉伸法构思物体的形状

由于组合体组成部分的特征视图并不都集中在主视图上,因此,要善于找出反映形状特征和位置特征的视图,然后用拉伸法构思物体的形状。拉伸法分为分向拉伸法和分层拉伸法两种。

（1）分向拉伸法:当各形体的特征视图线框分散在不同的视图上时,可将各个形体按各自相应的方向拉伸,然后按组合体表面连接关系组合想象形体的方法。

如图 5-22（a）所示,在组合体三视图中,形体Ⅰ的特征视图在左视图上,用特征视图向长度方向拉伸一段距离得形体Ⅰ的立体图。形体Ⅱ的特征视图在俯视图上,用特征视图向高度方向拉伸一段距离得形体Ⅱ的立体图。两形体按组合体表面连接关系组合后,如图5-22（b）所示。

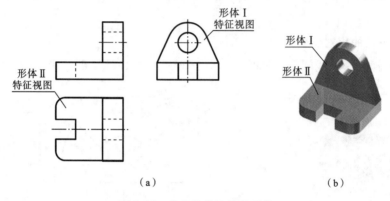

（a）　　　　　　　　　　　（b）

图 5-22　分向拉伸法构思形体

（2）分层拉伸法:当各形体的特征视图线框都集中在某一个视图上时,将各形体按层次沿同一方向拉伸,然后按组合体表面连接关系组合想象形体的方法。

如图 5-23（a）所示的组合体,形体Ⅰ、Ⅱ、Ⅲ、Ⅳ的特征视图均在主视图上,用特征视图沿宽度方向拉伸一段距离（在俯视图中找距离）得形体Ⅰ、Ⅱ、Ⅲ、Ⅳ的立体图。形体Ⅰ、Ⅱ是后表面平齐叠加,形体Ⅲ、Ⅳ是挖切,如图 5-23（b）所示。

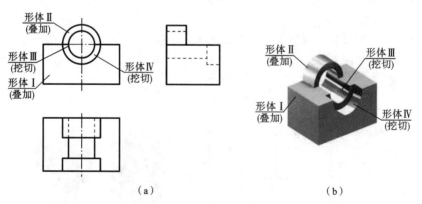

（a）　　　　　　　　　　　（b）

图 5-23　分层拉伸法构思形体

4. 由实线变化为虚线想象物体形状的变化

如图 5-24（a）所示,组合体是圆筒在前方开了一个 U 形槽,后方开了方槽,主视图中两槽的轮廓线均可见。若把主视图中 U 形槽下面半圆弧变为虚线,如图 5-24（b）所示,则组合

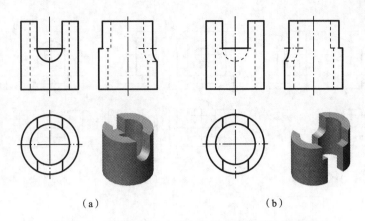

（a）　　　　　　　　　　　　（b）

图 5-24　注意视图中实线变虚线时物体形状的变化

体形状就变成圆筒在前方开了一个方槽，后方开了一个 U 形槽。

5. 善于构思物体的形状

为了提高读图的能力，应不断培养构思物体形状的能力，从而进一步丰富空间想象能力，达到能正确和迅速地读懂视图。

例 5-1　如图 5-25（a）所示，已知物体的主、俯视图，试构思出不同形体，画出不同的左视图。

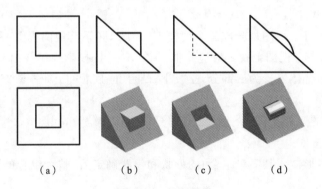

（a）　　　（b）　　　（c）　　　（d）

图 5-25　构形设计

如图 5-25（a）所示，物体的主、俯视图是线框相套的情况，线框相套表示空间的两个平面不平、倾斜或在面上打孔等。如图 5-25（b）所示，大三棱柱上叠加一个小三棱柱；如图5-25（c）所示，大三棱柱斜面上挖一个小三棱柱槽；如图 5-25（d）所示，大三棱柱上叠加一个小圆柱面。

二、读图的方法与步骤

1. 形体分析法读图

形体分析法是读图的基本方法，通常是从反映组合体形状特征的主视图着手，把视图解成若干个线框，依照投影关系及视图，想出各组成形体的形状，然后再弄清楚这些基本形体间的组合方式和相对位置，最后综合构思出物体的整体形状。

下面以图 5-26 所示的支撑架为例，说明用形体分析法读图的具体步骤。

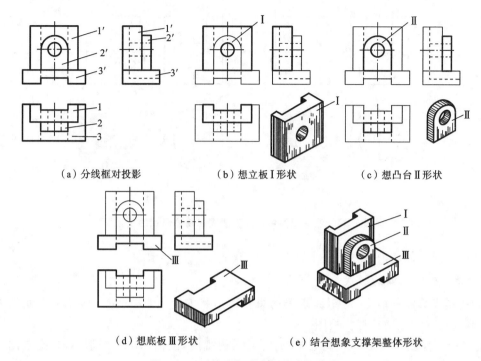

（a）分线框对投影　　（b）想立板Ⅰ形状　　（c）想凸台Ⅱ形状

（d）想底板Ⅲ形状　　（e）结合想象支撑架整体形状

图 5-26　形体分析法读图的方法步骤

1）线框，对投影

先看主视图，并将主视图划分成三个线框 1′、2′、3′，联系其他两视图，并在俯视图上找出其对应线框 1、2、3，在左视图上找其对应线框 1″、2″、3″。按投影规律找出基本形体投影的对应关系，想象出该组合体可分为三部分，立板Ⅰ、凸台Ⅱ、底板Ⅲ，如图 5-26（a）所示。

2）形体，定位置

根据每一部分的三视图，逐个想象出各部分的形状和位置，如图 5-26（b）~（d）所示。

3）合起来，想整体

每个部分（基本形体或其简单组合）的形状和位置确定后，整个组合的形式也就确定了，如图 5-26（e）所示。

2. 线面分析法读图

从面出发，在视图上划分线框。组合体可以看成由若干个面（平面或曲面）围成，面与面间常存在交线，线面分析法就是把组合体分析为若干个面围成，逐个根据面的投影特性确定其空间形状和相对位置，并判别面与面之间各交线的空间形状和相对位置，相辅相成，从而想象出组合体的形状。

线面分析法读图的要点：要善于利用面及其交线投影的性质（真实性、积聚性、类似性）看图。

1）分线框，识面形

从面的角度分线框对投影是为了识别面的形状及其对投影面的相对位置。根据直线、平面的投影可知：凡"一框对两线"，则表示投影面平行面；"两框对一线"，则表示投影面垂直面；"三框相对应"，则表示一般位置平面。投影面垂直面和一般位置平面的三个投影中都具有类似性的对应线框，其对应的线框呈类似形。所谓类似形，即对应的两线框的边数相等，朝向相同(均可见的两线框或均不可见的两线框对应时)或朝向相反(一为可见,一为不可见的两线框对应时)。熟记这一规律,可以很快地识别两视图上相对的线框是否真的对应,从而弄清每一线框的空间形状和空间位置。

图 5-27 所示为挖切类组合体。线框Ⅰ(1、1′、1″)在主视图中的线框 1′,在俯视图和左视图上找不到与其对应的类似形线框,就改找了直线 1 和直线 1″与其对应,这样,表明线框Ⅰ是"一框对两线",故为正平面。线框Ⅱ(2、2′、2″)在俯视图中的线框 2,在主视图上找不到与其对应的类似形线框,就改找了直线 2′与其对应,在左视图上与其对应的是边数相等朝向相同的六边形 2″(线框 2 和 2″均可见),这表明线框Ⅱ是"两框对一线"故为正垂面。同样,可分析出线框Ⅲ(3、3′、3″)表示侧平面,线框Ⅳ(4、4′、4″)表示侧垂面。

2) 识交线,想形位

从分析面与面相交的交线入手,也有助于识别各个面的空间形状和空间位置,相辅相成,读者可自己分析。

3) 形位明,想整体

将以上对各个面及其交线的空间形状和空间位置分析的结果,综合起来,便可以想象出挖切类组合体的整体形状,如图 5-27 所示。

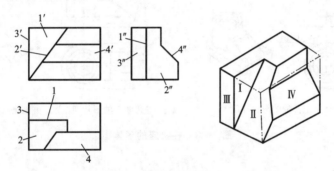

图 5-27　用线面分析法看图

三、已知组合体两视图补画第三视图

由已知的两个视图补画第三视图,是画图和读图的综合练习。

一般的方法和步骤为:按形体分析法和必要的线面分析法给定的两个视图,在读懂两视图的基础上,确定出两个视图所表达的组合体中各组成部分的结构和相对位置,然后根据投影关系逐个画出各组成部分的第三视图。

在补画第三视图时,应依各组成部分逐步进行。对叠加型组合体,先画局部后画整体。对挖切类组合体,先画整体后挖切。按先实后虚、先外后内的顺序进行。

如图 5-28(a)所示,根据机座的两个视图,补画其轴测图。

(1) 对投影,想象出形体Ⅰ的大致形状,如图 5-28(b)所示。

(2) 想象出形体Ⅱ的大致形状和位置,如图 5-28(c)所示 。

(3) 想象出形体Ⅲ的大致形状和位置,如图 5-28(d)所示。

(4) 想象出形体Ⅱ中孔的形状和位置,如图 5-28(e)所示。

(5) 想象出形体Ⅰ上凹槽的形状和位置,如图 5-28(f)所示。

(6) 想象出形体左边缺口的形状和位置,并画出机座的完整形状,如图 5-28(g)所示。

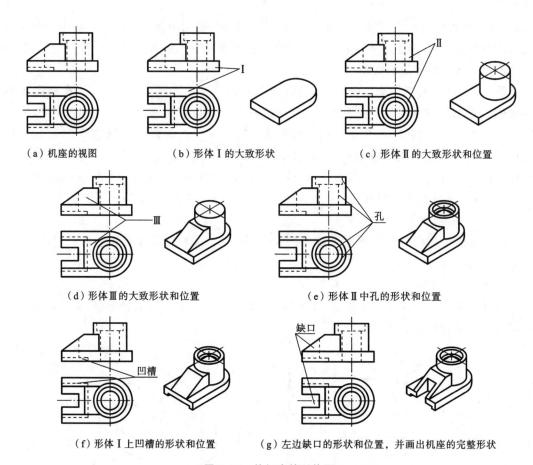

（a）机座的视图　　　　　（b）形体Ⅰ的大致形状　　　　（c）形体Ⅱ的大致形状和位置

（d）形体Ⅲ的大致形状和位置　　　　　（e）形体Ⅱ中孔的形状和位置

（f）形体Ⅰ上凹槽的形状和位置　　　（g）左边缺口的形状和位置，并画出机座的完整形状

图 5-28　补机座的形体图

拓展与练习

一、选择题

1. 如图 5-29 所示，已知组合体的主、俯视图，选择正确的左视图（　　　）。

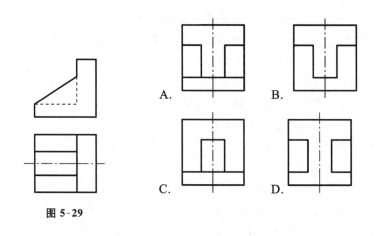

A.　　　　B.

C.　　　　D.

图 5-29

2. 下面图样中尺寸标注正确的一组是（　　　）。

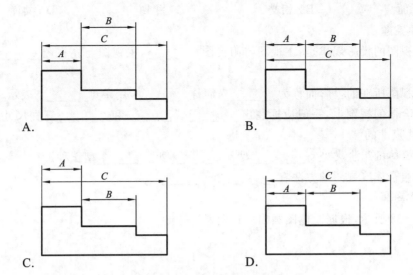

A.　B.

C.　D.

3. 已知带有圆柱孔的球体的四组投影,正确的画法是(　　　)。

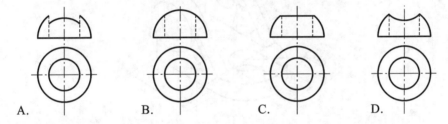

A.　B.　C.　D.

4. 如图 5-30 所示,已知立体截切后的两个投影,关于它的侧面投影正确的是(　　　)。

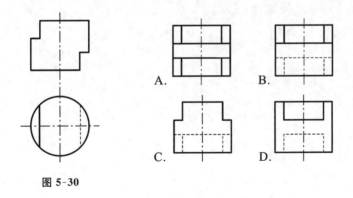

图 5-30

A.　B.

C.　D.

5. 图 5-31 组合体中左侧 U 形底板与圆柱的相对位置关系为(　　　)。

图 5-31

A. 异面　　　　　B. 相交　　　　　C. 相切　　　　　D. 共面

二、填空题

1. 三视图的投影规律是：主视图与俯视图_____，主视图与左视图_____，俯视图与左视图_____。

2. 左视图所在的投影面称为_____，简称_____，用字母_____表示。

3. 组合体的视图上，一般应标注出_____、_____和_____三种尺寸，标注尺寸的起点称为尺寸的_____。

4. 组合体的组合类型有_____型、_____型、_____型三种。

5. 看组合体三视图的方法有_____和_____。

三、作图题

如图 5-32 所示，根据立体图画出三视图。

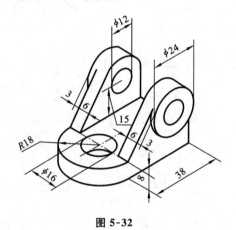

图 5-32

项目 6

机件的表达方法

知识目标

（1）掌握视图、剖视图、断面图的种类、画法、用途和标注。

（2）了解局部放大图的形成和画法，以及一些常用的规定画法和简化画法。

（3）掌握机件图样表达方法的综合应用。

能力目标

（1）能识读剖视图，选择合适类型的剖视图表达机件的内部结构。

（2）能识读断面图，掌握断面图的画法及标注方法。

（3）能选择恰当的视图表达机件的外部结构形状。

思政目标

（1）打破思维定式，寻找新的视角更加全面地认识问题和解决问题。

（2）感受古人智慧，树立文化自信，增强学生的民族自豪感和自信心。

在实际生产中,机件的结构形状具有多样性,对于结构复杂的机件仅用三视图表达其内外结构是远远不够的,还需要采取其他的表达方法。为了使图样能够正确、完整、清晰地表达机件的内外结构形状,国家标准(GB/T 17451—1998,GB/T 4458.1—2002,GB/T 4458.6—2002)中规定了绘制机械图样的基本表示法:视图、剖视图、断面图等。

◀ 任务6.1 视 图 ▶

用正投影的方法绘制出物体的图形称为视图。视图主要用来表达机件的外形,一般情况下只画出机件的可见部分,必要时采用细虚线画出其不可见部分。用于表达机件的视图有基本视图、向视图、斜视图和局部视图。

一、基本视图

机件向基本投影面投射所得的视图称为基本视图。根据国家标准的规定,用正六面体的六个面作为基本投影面,如图 6-1(a)所示,用正投影的方法将机件分别向基本投影面投射所得到的视图称为该机件的 6 个基本视图,如图 6-1(b)所示。

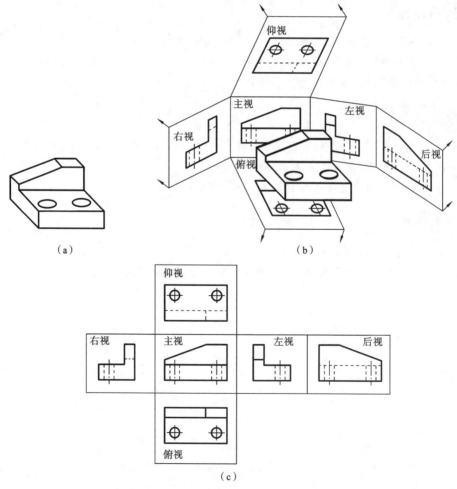

图 6-1 六个基本视图的形成及配置

六个基本投影面展开后,以正面为基准,其他投影面展开至与正面处于同一平面上,如图 6-1(c)所示。

六个基本视图之间仍然符合"长对正、高平齐、宽相等"的投影规律。即主、俯、仰、后四个视图长相等,主、左、右、后四个视图高相等,俯、仰、左、右四个视图宽相等。

在表达机件形状时,并非任何机件都要画出六个基本视图,而应根据机件的形状和结构特点,选择若干个基本视图。在能够把机件表达清楚的前提下,选用视图越少越好,并且视图的选择应以主视图、俯视图和左视图为主。

二、向视图

为了给布置图面带来方便,国家标准规定了一种可以自由配置的视图,称为向视图。绘制向视图时,应在向视图的上方用大写的拉丁字母标出视图的名称,在相应的视图附近用箭头表示投射的方向,并在箭头的附近注上相同的字母名称,如图 6-2 所示。

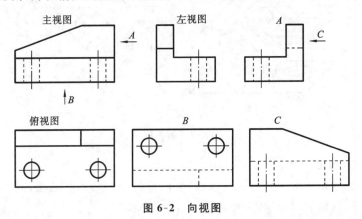

图 6-2 向视图

三、局部视图

当机件在某个方向上仅有部分形状需要表示时,没有必要画出整个基本视图,则可以采用局部视图。局部视图是将机件的某一部分向基本投影面投射所得的视图。

如图 6-3 所示,采用了局部视图 A 和 B,省去了复杂的左视图和右视图,减少了绘图工作量,而且表达清楚、重点突出、简单明了。

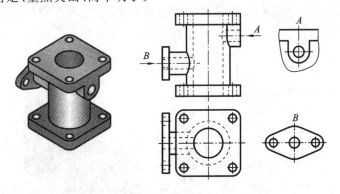

图 6-3 局部视图

绘制局部视图时应注意如下。

(1)局部视图的断裂边界应以波浪线表示,如图 6-3 中的 A 向局部视图。当所表示的局部结构是完整的,且外形轮廓线为封闭时,波浪线可以省略不画,如图 6-3 中的 B 向局部视图。

(2)局部视图按基本视图的配置形式时,可省略标注;按向视图的配置形式时,必须标注,如图 6-3 中的 A 向和 B 向局部视图。

四、斜视图

在具有倾斜结构的机件上,基本视图不能完全反映其实际形状,给绘图和识图带来不便。这时,可选用一个新的辅助投影面,使它与机件的倾斜面平行,并且垂直于一个基本投影面,然后将机件的倾斜面向该辅助投影面投射,就可获得反映倾斜部分的视图,即斜视图,如图 6-4 所示。

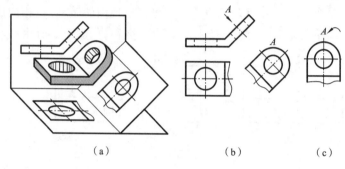

（a）　　　　　　　　（b）　　　　　　（c）

图 6-4　斜视图

画斜视图时应注意如下。

(1)斜视图通常用于表达机件上的倾斜部分,而其余部分不必画出,其断裂边界应用波浪线表示,如图 6-4(b)、(c)所示。

(2)斜视图一般按向视图的形式配置并标注,必要时,也允许将斜视图旋转配置,此时应在斜视图上方的视图名称前加注旋转符号,如图 6-4(c)所示。

◀ 任务6.2　剖　视　图 ▶

当机件的内部结构比较复杂时,视图中就会有许多虚线,而且结构越复杂细虚线越多。视图中的细虚线过多,就会影响读图和尺寸标注,如图 6-5 所示。因此,为了清楚地表达机

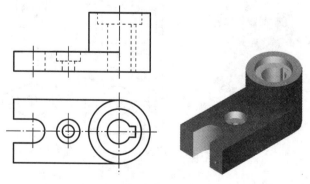

图 6-5　未剖开的机件

件的内部结构形状,国家标准规定了剖视图的画法。

一、剖视图的形成和画法

1. 剖视图的形成

假想用剖切面(通常用平面作剖切面)剖开机件,将处在观察者与剖切面之间的部分移去,而将其余部分向投影面投射所得的图形称为剖视图。

剖视图将原来不可见的结构变成了可见的,原有的虚线变成了实线,使图形更加清晰,如图 6-6 所示。

2. 剖视图的画法及步骤

1)确定剖切面的位置

为了能够清楚地表达机件内部结构的真实形状,避免剖切后产生不完整的结构要素,剖切平面通常平行于投影面,且通过机件内部孔、槽的轴线或对称面,如图 6-7(a)所示。

2)剖切后的投影图

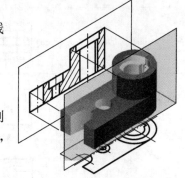

图 6-6 剖视图的形成

首先要想清楚剖切后哪部分移走了,哪部分留下了,留下的部分向哪个投影面投影,有哪些剖面区域,剖切面后面的结构还有哪些是可见的。画图时,要把剖面区域和剖切面后面的可见轮廓线画全,如图 6-7(b)所示。

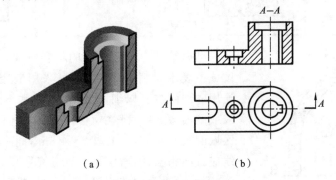

(a) (b)

图 6-7 剖视图的画法

3)在剖面区域内画上剖面符号

为了区别机件内部的空体与实体,通常要在剖切面与机件的接触部分(即剖面区域)画出剖面符号,以增强剖视图形的表达效果,便于读图。国家标准(GB/T 17453—2005,GB/T 4457.5—2013)规定了剖面符号,如表 6-1 所示。

表 6-1 剖面符号

标注示例	说 明	标注示例	说 明
金属材料通用剖面符号		玻璃及供观察用的其他透明材料	
塑料、橡胶、油毡等非金属材料(已有规定剖面符号者除外)		基础周围的泥土	

续表

标 注 示 例	说 明	标 注 示 例	说 明
型砂、填砂、砂轮、粉末冶金、陶瓷刀片、硬质合金刀片等		混凝土	
线圈绕组元件		钢筋混凝土	
转子、电枢、变压器和电抗器等的叠钢片		砖	
木材 纵断面		木质胶合板(不分层数)	
		格网(筛网、过滤网)	
木材 横断面		液体	

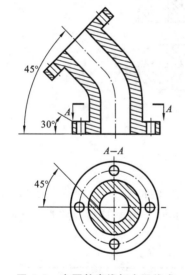

图 6-8 主要轮廓线与水平线成 45°时剖面线的画法

剖面符号一般与机件的材料有关,当不需要在剖面区域中表示材料的类别时,可采用通用的剖面线表示。通用的剖面线应以细实线绘制,通常与图形的主要轮廓线或剖面区域的对称中心线成45°,剖面线的间距视剖面区域的大小而异,一般取2～4 mm,同一零件的各个剖面线应方向相同、间隔相等。剖切符号旁应用粗短画线(长5～7 mm)表示剖切位置,箭头表示投射方向。在剖切符号附近注写字母"×"(大写拉丁字母),剖视图上方中间位置注写"×—×",如图 6-7(b)所示。当剖视图按投影关系配置,中间没有其他图形隔开时,可省略箭头;若剖视图满足前一条件且剖切面通过机件对称面时,可省略标注。

当图形的主要轮廓线或剖面区域的对称中心线与水平线成 45°或接近 45°时,该图形的剖面线可画成与主要轮廓线或剖面区域的对称中心线成 30°或 60°的平行线,其倾斜方向仍与其他图形的剖面线一致,如图 6-8 所示。

3. 画剖视图的注意事项

(1)剖切的目的性:表达机件的内部结构。

(2)剖切的假想性:剖切面是假想的,因此,所画剖视图不影响其他视图的绘制(即其他视图仍应按完整机件画出)。

（3）剖切面的位置：剖切平面应平行剖视图所在的投影面，常通过回转体的轴线或机件的对称平面，这样得出的图形反映断面的实形，并用剖切符号表示。

（4）剖视图的画法：画出剖切面后面机件所有结构形状的投影，如图 6-9（a）、（b）和（c）所示。图 6-9（d）中出现了少线的错误，初学者极易犯这样的错误，应引起重视。

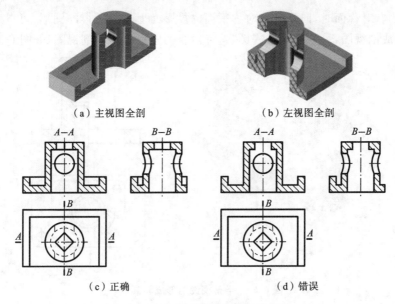

（a）主视图全剖　　　　　　　（b）左视图全剖

（c）正确　　　　　　　（d）错误

图 6-9　剖切面后面可见部分的画法

（5）剖视图中细虚线的处理：不可见轮廓线或其他结构，在其他视图已表达清楚时，细虚线可不画，如图 6-10（c）所示。不可见轮廓线或其他结构，在其他视图没有表达清楚时，细虚线应画出，如图 6-11（b）所示。

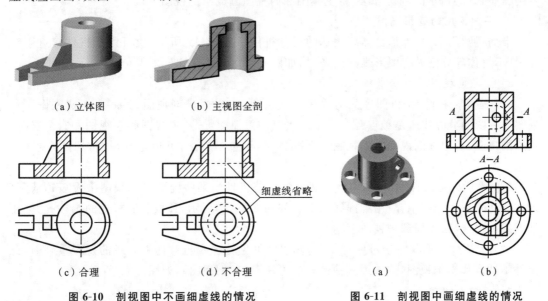

（a）立体图　　　　　　　（b）主视图全剖

细虚线省略

（c）合理　　　　　　　（d）不合理　　　　　　　（a）　　　　　　　（b）

图 6-10　剖视图中不画细虚线的情况　　　**图 6-11　剖视图中画细虚线的情况**

二、剖视图的种类

根据假想剖切平面剖开机件的范围不同，剖视图分为全剖视图、半剖视图和局部剖视图。

1. 全剖视图

用剖切平面把机件完全剖开后获得的剖视图称为全剖视图,如图 6-6 所示。

全剖视图一般用于表达内形复杂的不对称机件或外形简单的对称机件。

2. 半剖视图

当机件具有对称面时,向垂直于对称平面的投影面上投射所得的图形,可以对称中心线为界,一半画成剖视图,另一半画成视图,这种组合的图形称为半剖视图,如图 6-12 所示。

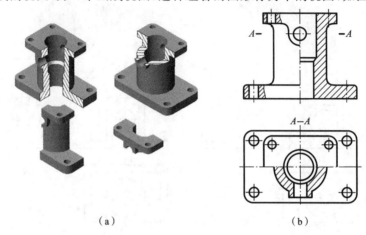

（a）   （b）

图 6-12 半剖视图的形成和画法

如图 6-12(a)所示的机件,其内、外形状都比较复杂:如果主视图采用全剖视图,则顶板下的凸台就不能表达出来;如果俯视图采用全剖视图,则长方形顶板及其四个小孔的形状和位置都不能表达,机件不宜用全剖视图表达。为了清楚地表达此机件的内、外部结构形状,可用图 6-12(b)所示的剖切方法,将主视图和俯视图画成半剖视图。

1）半剖视图的适用范围

半剖视图用于内、外形都需要表达的对称机件,如图 6-12 所示,也可用于机件接近于对称,且不对称部分已另有图形表达清楚时,如图 6-13 所示。

2）画半剖视图的注意事项

(1)画半剖视图时,以图形的对称中心线为界,一半画成剖视图,另一半画成视图。剖视图与视图的分界线应是细点画线。半剖视图的习惯配置是:主视图和左视图左右配置时,左边画视图,右边画剖视图。俯视图上下配置时,上边是视图,下边是剖视图,如图 6-12(b)所示。

(2)表达外形的视图中,细虚线一般省略。若机件的某些内形在剖视图中没表达清楚,则在表达外形的视图中,应用细虚线画出。如图 6-12(b)所示,顶板和底板上的圆柱孔,应用细虚线画出(或采用局部剖视图表达)。

(3)当机件的形状完全对称,但在剖视图中可见轮廓线与对称中心线的投影重合时,此机件不适合作半剖视图,需选用其他的表达方法(局部剖视图),如图 6-14 所示。

3. 局部剖视图

用剖切平面局部剖开机件获得的剖视图称为局部剖视图,如图 6-15 所示。局部剖视图中的视图部分和剖视图部分用波浪线或双折线分界,当剖切到孔、槽等结构时,波浪线应断开。

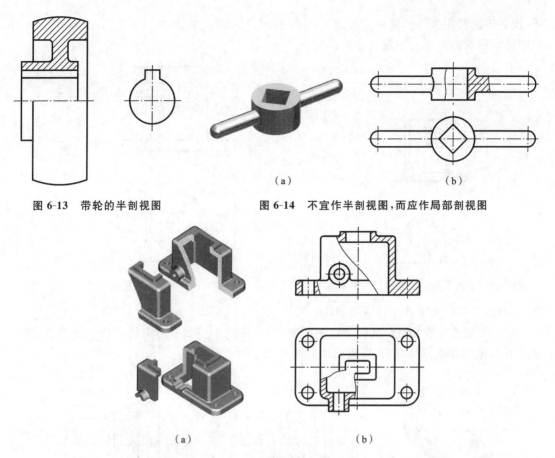

图 6-13　带轮的半剖视图

图 6-14　不宜作半剖视图,而应作局部剖视图

（a）　　　　　　　　　　（b）

（a）　　　　　　　　　　（b）

图 6-15　局部剖的形成及画法

1) 局部剖视图的适用范围

局部剖视图一般用于表达内、外部结构形状都复杂,且在投影面上投影不对称的机件,如图 6-16 所示。或用于不宜采用全、半剖视图表达的地方,如图 6-17 所示。虽有对称平面,但轮廓线与对称中心线重合时,不宜采用半剖视图,而应采用局部剖视图,如图 6-18 所示。

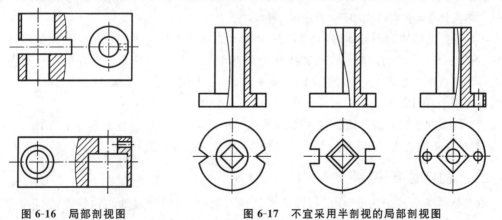

图 6-16　局部剖视图

图 6-17　不宜采用半剖视的局部剖视图

2) 局部剖视图的标注

当单一剖切平面位置明显时,可省略标注,当剖切平面位置不明显时,必须标注剖切符

号、投射方向和剖视图的名称。如图 6-19 所示,主视图位置所示的局部视图应进行标注;俯视图位置所示的局部视图就可省略标注。

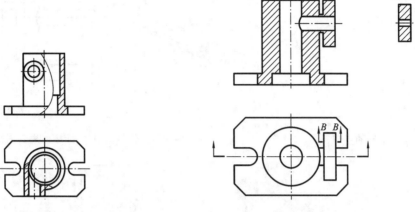

图 6-18 不宜采用全剖视的局部剖视图   图 6-19 局部剖视图的标注

3) 画局部剖视图的注意事项

(1) 波浪线可看成机件实体表面的断裂痕,波浪线不应和图形中的其他图线重合,也不能画在其他图线的延长线上,正确画法如图 6-20(b)所示。

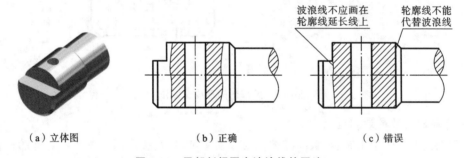

（a）立体图   （b）正确   （c）错误

图 6-20 局部剖视图中波浪线的画法一

若遇槽、孔等空腔时波浪线不可穿空而过,也不能超出被剖开部分的外形轮廓线,应画在机件的实体上,正确画法如图 6-21(b)所示。

(2) 当被剖结构为回转体时,允许将该回转体的轴线作为局部剖视与视图的分界线,如图 6-22(b)所示,右端的圆筒结构用轴线作为局部剖视与视图的分界线。在同一个视图中,采用局部剖视的数量不宜过多,避免图形支离破碎,使得图形表达不清楚,图 6-22(b)所示主视图采用两个局部剖视。

(3) 局部剖视图中波浪线位置的选择要根据机件内、外形的特征来确定。如图 6-23 所示,依据机件不同的内外形特征,采用了三种不同的断开(波浪线)位置。

三、剖切面的种类

由于物体的形状结构千差万别,因此画剖视图时,应根据物体的结构特点,选用不同的剖切面及相应剖切方法,以便使物体的内外结构得到充分的表达。国家标准规定,剖切面共有三种,即单一剖切面、几个平行的剖切面和几个相交的剖切面,可根据机件结构的特点和表达的需要选用。

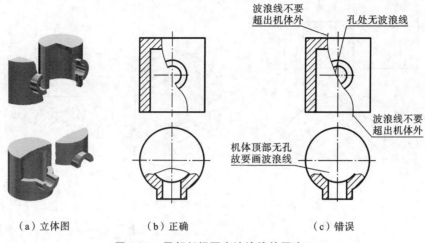

（a）立体图　　　　（b）正确　　　　　（c）错误

图 6-21　局部剖视图中波浪线的画法二

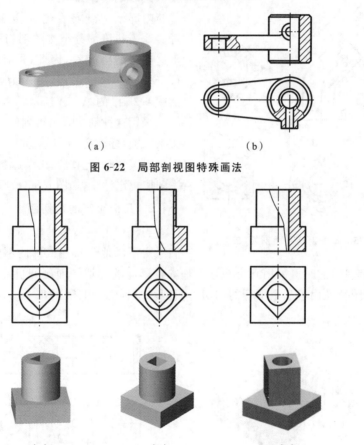

（a）　　　　　　　　（b）

图 6-22　局部剖视图特殊画法

（a）　　　　（b）　　　　（c）

图 6-23　局部剖视图断开（波浪线）位置的正确选择

1. 单一剖切面

（1）用平行于基本投影面的剖切平面剖切机件。前面所示的全剖视图、半剖视图和局部剖视图均是这种情况。也可用单一柱面剖切机件,剖视图按展开绘制,如图 6-24 中的 A—A 所示。

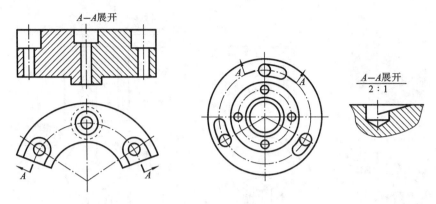

图 6-24　单一剖切平面剖切(一)

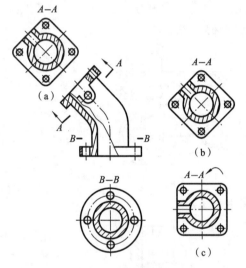

图 6-25　单一剖切平面剖切(二)

（2）用不平行于基本投影面、但垂直于基本投影面的剖切平面剖切机件。当机件上倾斜部分的内部结构需要表达时，选择一个能够清晰、真实地表达该部分结构的剖切平面剖切机件，由于这部分结构倾斜，因此，选择的剖切平面不平行于任何基本投影面，一般为投影面的垂直面，如图 6-25 中的 A—A 所示。

采用这种剖切方法得到的剖视图最好按投影关系配置，标注必须完整，如图 6-25(a)所示。在不引起误解时，允许将图形旋转摆正，摆正后的剖视图按规定标注，如图 6-25(c)所示。

2.　几个平行的剖切面

当机件上有较多的内部结构需要表达，而它们层次不同地分布在机件的不同位置，用一个单一平面难以表达，这时可采用几个平行于基本投影面的剖切平面剖开机件，如图 6-26 所示，机件的主视图就是用了三个平行的剖切平面剖切得到的全剖视图。

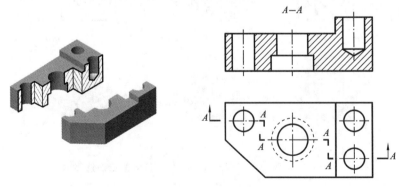

图 6-26　几个平行剖切面剖切

剖切平面的起始和转折处应画出剖切符号，并用与剖视图的名称"×—×"同样的字母标出。在起始处，剖切符号外端用箭头(垂直于剖切符号)表示投射方向，剖切平面转折处的剖切符号不应与视图中的轮廓线重合或相交；当转折处的位置有限且不会引起误解时，允许省略字母;按投影关系配置,而中间又没有其他图形隔开时,可以省略箭头。

采用几个平行的剖切平面剖切画剖视图时,应注意以下几个问题。

(1) 在剖视图上不画出两个剖切平面转折处的投影,剖切符号的转折处不应与图上轮廓线重合,如图 6-27(a)所示。

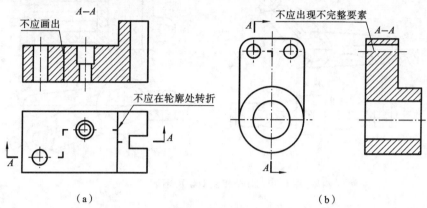

（a）　　　　　　　　　　　　　　　　（b）

图 6-27　几个平行的剖切平面剖切的错误画法

(2) 采用几个平行的剖切平面剖切画剖视图时,当两个要素在图形上具有公共对称中心线或轴线时,可各画一半,此时应以对称中心线和轴线为界,如图 6-28 所示。在剖视图内不应出现不完整的要素,如图 6-27(b)所示。

3. 几个相交的剖切面

当机件的内部结构形状用一个剖切平面剖切不能表达完全,且这个机件在整体上又具有公共回转轴时,可用两个相交的剖切平面(交线垂直于某一基本投影面)剖开机件,如图 6-29 所示。

采用这种方法画剖视图时,先假想按剖切位置剖开机件,然后将被剖切平面剖开的结构及其有关结构旋转到与选定的基本投影面平行后再进行投影,使剖视图既反映实形又便于画图,如图 6-29 所示。

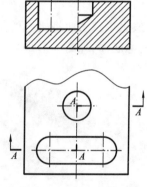

图 6-28　出现不完整要素的特例

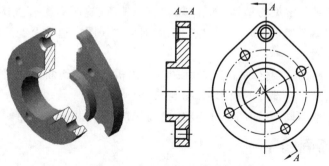

图 6-29　几个相交剖切面剖切(一)

用几个相交的剖切平面剖切机件时,应注意以下几个问题。

(1) 两个相交的剖切平面的交线必须垂直于投影面,且通过回转轴轴线,如图 6-29 所示。

(2) 位于剖切平面后面且与所表达的倾斜结构关系不甚密切的结构,一般仍按原来位置投影,如图 6-30(a)中的油孔。

(3)当剖切后产生不完整要素时,该部分按不剖绘制,如图 6-30(b)所示。

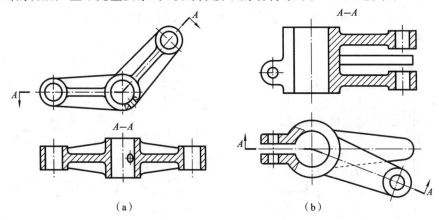

（a）

（b）

图 6-30　几个相交剖切面剖切（二）

◀ 任务6.3　断　面　图 ▶

假想用剖切面将机件的某处切断,仅画出该剖切面与机件接触部分的图形,称为断面图,简称断面,如图 6-31(a)所示。

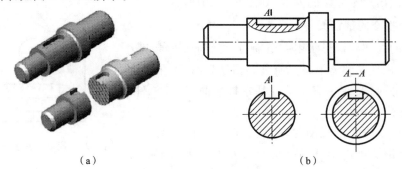

（a）

（b）

图 6-31　断面图与剖视图的区别

当机件上存在某些常见的结构,如筋、轮辐、孔、槽等,这时可配合视图再视需要画出这些结构的剖面。如图 6-31(b)所示就是应用剖面配合主视图表达轴上键槽的,这样表达显然比采用剖视更为简明。

断面图与剖视图的主要区别在于:断面图仅画出机件被剖切断面的图形,而剖视图则要求画出剖切平面后面所有部分的投影,如图 6-31(b)所示。

根据配置的位置不同,断面图可分为移出断面图和重合断面图两种。

一、移出断面图

画在视图之外的断面图称为移出断面图。

1. 移出断面图的画法

(1)移出断面图的轮廓线用粗实线绘制,并在断面上画上剖面符号,如图 6-32 所示。

(2)移出断面图应尽量配置在剖切线的延长线上,如图 6-32 所示。必要时可将移出断面图配置在其他位置,在不致引起误解时,也允许将斜放的断面图旋转放正,如图 6-33 所示。当断面图形对称时,也可画在视图的中断处,如图 6-34 所示。

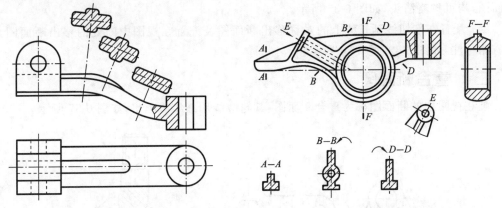

图 6-32　布置在剖切线延长线上的断面图　　　图 6-33　布置在其他位置的断面图

（3）为了能够表示断面的真实形状,剖切平面一般应垂直机件的轮廓线（直线）或通过圆弧轮廓线的中心,如图 6-33 所示。

（4）由两个或多个相交的剖切平面剖切得出的移出断面图,中间一般应断开,如图 6-35 所示。

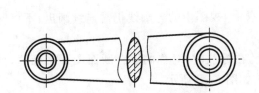
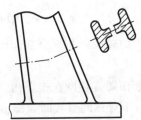

图 6-34　布置在视图中断处的断面图　　　图 6-35　几个相交的剖切平面剖开的移出断面图

（5）当剖切平面通过回转面形成的孔、凹坑的轴线时或当剖切平面通过非圆孔,会导致出现完全分离的两个断面时,则这些结构应按剖视图处理,如图 6-36 所示。按剖视图处理是指被剖切的结构,并不包括剖切平面后的结构。

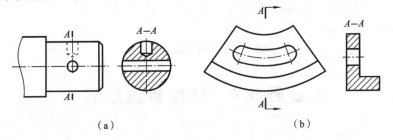

（a）　　　　　　　　　　　（b）

图 6-36　移出断面图的标注

2. 移出断面图的标注

（1）当移出断面图不配置在剖切线延长线上时,一般应用剖切符号表示剖切位置,用箭头表示投影方向,并注上字母;在断面图的上方应用同样字母标出相同的名称"×—×",如图 6-36 中的"A—A"。

（2）配置在剖切线延长线上的不对称移出断面图，可省略字母，如图6-32所示。

（3）不配置在剖切线延长线上的对称移出断面图，以及按投影关系配置的不对称移出断面图，均可省略箭头，如图6-36所示。

（4）配置在剖切线延长线上的对称移出断面图及配置在视图中断处的移出断面图，均可省略标注，如图6-32、图6-34所示。

二、重合断面图

画在视图内的断面图称为重合断面图，其轮廓线用细实线画出，如图6-37所示。

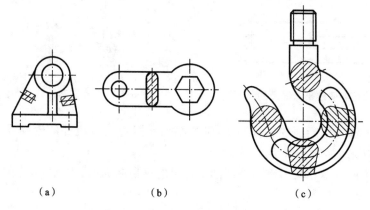

（a）　　　　　　　（b）　　　　　　　　　（c）

图6-37　对称的重合断面图

当视图中的轮廓线与重合断面图的图形重叠时，视图中的轮廓线仍需连续画出，不可间断，如图6-37所示。

因重合断面图直接画在视图内剖切位置处，在标注时，对称的重合断面图不必标注，如图6-37所示；不对称的重合断面图可省略字母，如图6-38所示。

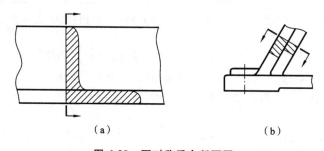

（a）　　　　　　　　　　　　　（b）

图6-38　不对称重合断面图

◀ 任务6.4　其他表达方法 ▶

一、局部放大图

根据机件的结构大小选择一定的比例画出图形时，若仍有细小结构没有表达清楚，又没有必要将图形全部放大，可将机件的这部分结构，用大于原图形的比例画出，这种表达方法称为局部放大图，如图6-39、图6-40所示。

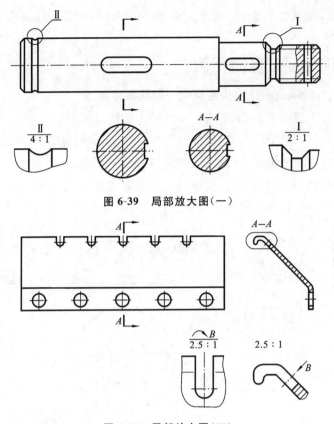

图 6-39 局部放大图（一）

图 6-40 局部放大图（二）

局部放大图可画成视图、剖视图或断面图，它与被放大部分的原表达方式无关，如图 6-39 所示。局部放大图应尽量配置在被放大部位的附近，必要时可用几个图形表达同一个被放大部分的结构，如图 6-40 所示。

画局部放大图时，应用细实线圈出被放大部位，如有多处被放大，用罗马数字依次标记，并在局部放大图上方标出相应的罗马数字和采用的比例，如图 6-39 所示。

当机件上仅有一个需要放大部位时，在局部放大图的上方只需注明所采用的比例，如图 6-40 所示。

同一机件上不同部位局部放大图相同或对称时，只需画出一个放大图，如图 6-41 所示。局部放大图应和被放大部分的投影方向一致，若为剖视图和断面图时，其剖面线的方向和间隔应与原图相同，如图 6-41 所示。

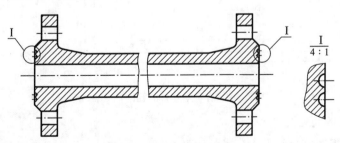

图 6-41 局部放大图（三）

必须指出的是,局部放大图标出的比例是指图中图形与实物相应要素的线性尺寸之比,而与原图比例无关。

二、其他规定画法及简化画法

1. 机件上的肋、轮辐及薄壁结构在剖视图中的规定画法

画剖视图时,对于机件上的肋、轮辐及薄壁等,如按纵向剖切,这些结构均不画剖面符号,并用粗实线将它与其他结构分开;如横向剖切,仍应画出剖面符号,如图 6-42 所示。

2. 回转体上均匀分布的孔、肋、轮辐结构在剖视图中的规定画法

当回转体上均匀分布的肋、轮辐、孔等结构不处于剖切平面上时,可将这些结构沿回转轴旋转到剖切平面上画出,不需要作任何标注,如图 6-43 所示。

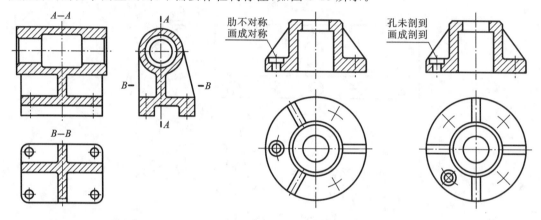

图 6-42 轮辐的简化画法　　　　　图 6-43 肋和孔的画法

3. 机件上相同结构的简化画法

当机件上具有若干个相同结构(如孔、槽等),并按一定规律分布时,只需画出几个完整的结构,其余用细实线连接表示出位置,同时在图中注明该结构的总数。

当机件上具有若干直径相同且成规律分布的孔,可仅画出一个或几个孔,其余用点画线表示其中心位置,并在图中注明孔的总数即可,如图 6-44 所示。

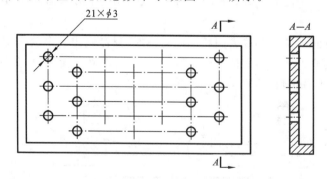

图 6-44 按规律分布的孔的简化画法

4. 对称机件的简化画法

对称机件的视图可只画大于一半的图形,也可只画一半,但必须在对称中心线两端画出两条与其垂直的平行细实线;如在两个方向对称的图形,可画 1/4,如图 6-45 所示。

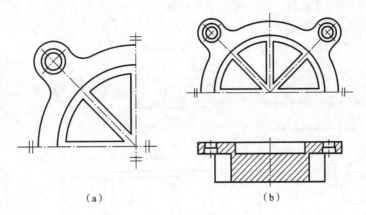

（a）　　　　　　　　　　　（b）

图 6-45　对称机件的简化画法

5. 切断缩短画法

较长的机件如沿长度方向的形状一致或按一定规律变化时，可断开后缩短绘制，如图 6-46 所示。

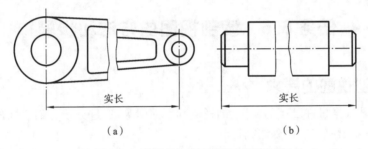

（a）　　　　　　　　　　　（b）

图 6-46　较长机件断开后的缩短画法

6. 用平面符号表示平面

当图形不能充分表达平面时，可用平面符号（两条相交的细实线）表示，如图 6-47 所示。

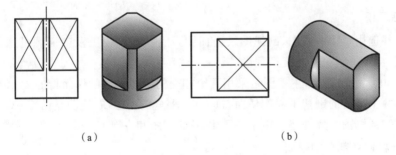

（a）　　　　　　　　　　　（b）

图 6-47　平面符号的表示法

7. 与投影面倾斜角度小于或等于 30°的圆或圆弧的简化画法

与投影面倾斜角度小于或等于 30°的圆或圆弧，其投影可用圆或圆弧代替，圆心位置按照投影关系确定，如图 6-48 所示。

8. 机件表面交线的简化画法

在不致引起误解时，机件上较小的结构（如相贯线、截交线），可以用圆弧或直线代替。在不致引起误解时，零件图中的小圆角、小倒角、小倒圆均可省略不画，但必须注明尺寸或在技术要求中加以说明，如图 6-49 所示。

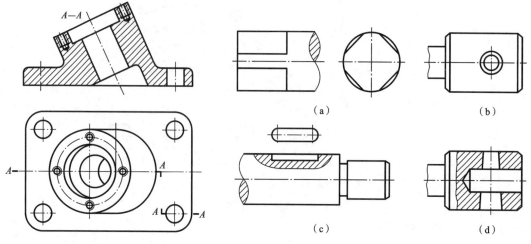

图 6-48　倾斜的圆或圆弧的简化画法　　　图 6-49　较小结构的交线的简化画法

◀ 任务6.5　读剖视图的方法和步骤 ▶

一、读剖视图的要求

读剖视图是根据机件已有的视图、剖视图和断面图等,通过分析它们之间的关系及其表示意图,从而想象出机件的内外结构形状。

要能读懂剖视图,不但应该有组合体视图的读图能力,同时还应该熟悉视图、剖视图和断面图及其他表示方法的应用、画法和尺寸注法。

二、读剖视图的方法与步骤

1. 概括了解

了解机件选用了哪些视图、剖视图及断面图,从视图、剖视图及断面图的数量、位置,图形内外轮廓,初步了解机件的复杂程度。

如图 6-50 所示四通管,主视图是采用两个相交的剖切平面剖切而得的 $B—B$ 全剖视图,俯视图是由两个平行的剖切平面剖切而得的 $A—A$ 全剖视图,右视图是由 $C—C$ 单一剖切平面剖切而得的剖视图。此外还采用了一个 D 向仰视图和一个 E 向斜视图。

2. 想象机件各部分的形状

判断机件各结构的实与空、远与近的方法:在剖视图中带有剖面线的封闭线框表示物体被剖切的剖面区域(实体部分);不带剖面线的空白封闭线框,表示机件的空腔或远离剖切面后的结构形状。图 6-50 中主视图的 H、M 的空白线框表示四通管内腔。为了确定内腔的形状和空间位置,必须借助其他相关视图来确定其真实形状和位置。主视图中的 H、M 线框通过 $B—B$ 全剖视图、$C—C$ 右视图、E 向斜视图,可看出 H、G 线框是圆形三通管。H 管与主管相贯在上,G 管与主管相贯在下(主管与 G 管相贯部分,主管变粗),同时与正面有一倾角。

$C—C$ 剖视图反映出凸缘为圆形及四个均布的光孔,E 向斜视图反映出凸缘为卵圆形及

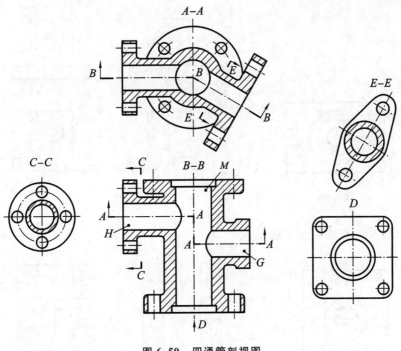

图 6-50 四通管剖视图

两个光孔。D 向仰视图表示主管底部为方形法兰,并分布有四个光孔,从 $A—A$ 全剖视可知主管上部为圆形法兰,并均布四个光孔。

3. 综合想象整体形状

以主、俯视图为主,确定四通管主体形状,然后再把各部分综合起来想象整体形状。

拓展与练习

一、选择题

1. 选择图 6-51 正确的剖视图( )。

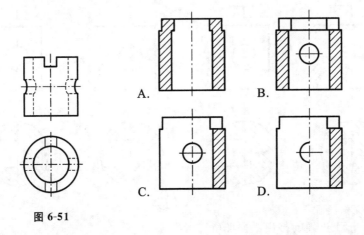

图 6-51

2. 选择图 6-52 正确的半剖视图( )。

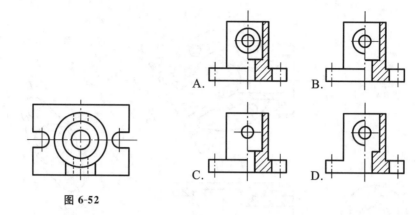

图 6-52

3. 选择图 6-53 正确的全剖视图（   ）。

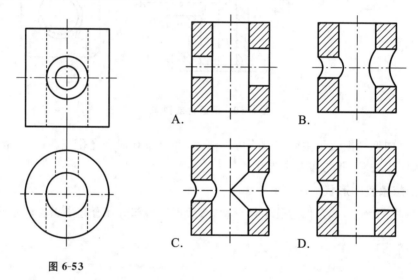

图 6-53

4. 下列四组移出断面图中,哪一组是正确的(   )。

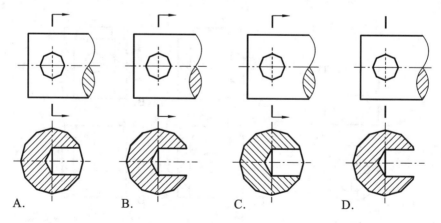

A.　　　　　B.　　　　　C.　　　　　D.

5. 选择图 6-54 正确的移出断面图(   )。

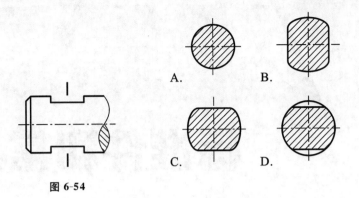

图 6-54

二、填空题

1. 基本视图一共有_____个,它们的名称分别是_____。

2. 表达形体外部形状的方法,除基本视图外,还有 _____ 、_____ 、_____ 、_____四种视图。

3. 按剖切范围的大小来分,剖视图可分为_____ 、_____ 、_____ 三种。

4. 剖视图的标注包括三部分内容:_____ 、_____ 、_____ 。

5. 断面图用来表达零件的_____形状,剖面可分为_____ 和_____ 两种。

三、作图题

1. 将主视图画成半剖视图。

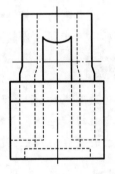

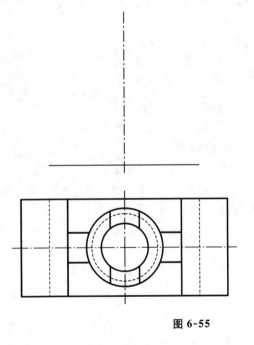

图 6-55

项目 **7**

标准件和常用件

....

（1）掌握螺纹、螺纹紧固件、滚动轴承、圆柱螺旋压缩弹簧的规定画法、简化画法及其标注方法。

（2）掌握键连接、销连接的规定画法以及标注方法。

（3）理解齿轮参数的计算公式。

（4）掌握标准直齿圆柱齿轮及其传动的规定画法。

（1）能正确绘制螺纹、螺纹紧固件、滚动轴承及其尺寸标注。

（2）掌握圆柱螺旋压缩弹簧的规定画法、简化画法以及标注方法。

（3）熟知齿轮啮合的画法、键连接的画法。

（1）培养学生良好的表达能力和动手能力。

（2）正确认识与评估自我，依据自身个性和潜质选择适合的发展方向，有达成目标的持续行动力。

在各种机器和设备上,经常要用到螺栓、螺柱、螺钉、螺母、键、销、齿轮、弹簧、滚动轴承等各种不同的零件。国家标准对这类零件的结构、尺寸和技术要求实行全部或部分标准化。实行全部标准化的零件称为标准件,实行部分标准化的零件称为常用件。在绘图时,对它们的结构和形状,可根据相应的国家标准所规定的画法、代号和标记,进行绘图和标注。

图 7-1 所示为一齿轮油泵的零件分解图,它是柴油发动机润滑系统的一个部件,在组成该部件的零件中,销、螺栓、螺母、垫圈、键、轴承等属于标准件,齿轮、弹簧属于常用件。

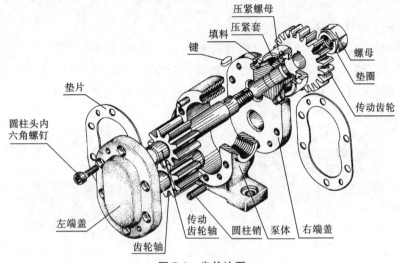

图 7-1　齿轮油泵

◀ 任务 7.1　螺　　纹 ▶

一、 螺纹的形成、结构和要素

1. 螺纹的形成

螺纹是指在圆柱或圆锥表面上,沿着螺旋线所形成的具有相同剖面的连续凸起和凹槽(实际为一平面图形做螺旋运动形成的螺旋体)。在圆柱表面形成的螺纹称为圆柱螺纹;在圆锥表面形成的螺纹称为圆锥螺纹。在外表面加工的螺纹称为外螺纹,在孔内加工的螺纹称为内螺纹,如图 7-2 所示。

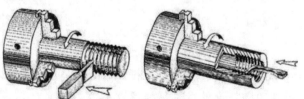

图 7-2　螺纹的车削法

2. 螺纹的结构

1)螺纹的末端

为了防止螺纹端部损坏和便于安装,通常将螺纹的起始处做成一定形状的末端,如圆锥形的倒角或球面形的圆顶等,如图 7-3 所示。

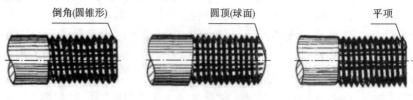

图 7-3　螺纹的末端

2) 螺纹收尾和退刀槽

车削螺纹的刀具快到螺纹终止处时要逐渐离开工件,因而螺纹终止处附近的牙型要逐渐变浅,形成不完整的牙型,这一段长度的螺纹称为螺纹收尾,如图 7-4 所示。为了避免产生螺尾和便于加工,有时在螺纹终止处预先车出一个退刀槽,如图 7-5 所示。

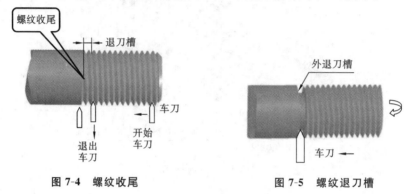

图 7-4　螺纹收尾　　　　　　　图 7-5　螺纹退刀槽

3. 螺纹的要素

1) 螺纹的牙型

牙型是指在通过螺纹轴线的断面上,螺纹的轮廓形状。其凸起部分称为螺纹的牙,凸起的顶端称为螺纹的牙顶,沟槽的底部称为螺纹的牙底,如图 7-6 所示。常用的牙型如图 7-7 所示。

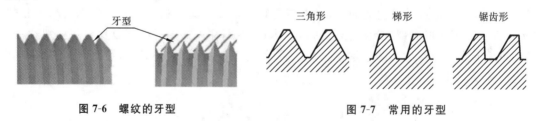

图 7-6　螺纹的牙型　　　　　　　图 7-7　常用的牙型

2) 直径(D 或 d)

与外螺纹牙顶或内螺纹牙底相重合的假想圆柱面的直径称为螺纹大径,与外螺纹牙底或内螺纹牙顶相重合的假想圆柱面的直径称为螺纹小径。螺纹大径又称为公称直径(管螺纹用尺寸代号表示),如图 7-8 所示,其代号用大小字母表示,大写指内螺纹,小写指外螺纹。

3) 线数(n)

单线螺纹:指沿一条螺旋线形成的螺纹,如图 7-9 所示。

多线螺纹:指沿两条或两条以上在轴向等距分布的螺旋线所形成的螺纹,如图 7-10 所示。

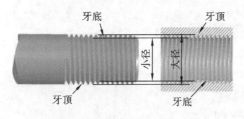

图 7-8　螺纹的大径和小径　　　　图 7-9　单线螺纹　　　　图 7-10　双线螺纹

4）螺距(P)和导程(P_h)

螺距：指相邻两牙在中径线上对应两点间的轴向距离，如图 7-11(a)所示。

导程：指同一条螺旋线上相邻两牙在中径线上对应两点间的轴向距离，如图 7-11(b)所示。

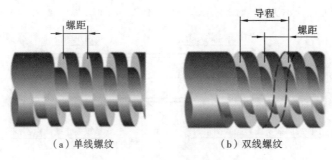

（a）单线螺纹　　　　　　　　（b）双线螺纹

图 7-11　螺纹的螺距和导程

螺距和导程的关系：单线螺纹，$P=P_h$；多线螺纹，$P=P_h/n$。

5）旋向

右旋螺纹是指顺时针旋转时旋入的螺纹，左旋螺纹是指逆时针旋转时旋入的螺纹，如图 7-12所示。判定螺纹旋向可将外螺纹轴线垂直放置，螺纹的可见部分是右高左低者称为右旋螺纹，左高右低者称为左旋螺纹。

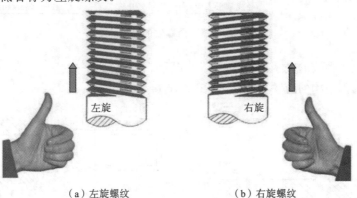

（a）左旋螺纹　　　　　　　　（b）右旋螺纹

图 7-12　螺纹的旋向

只有牙型、大径、螺距、线数和旋向均相同的内、外螺纹，才能相互旋合。在螺纹的要素中，螺纹牙型、大径和螺距是决定螺纹最基本的要素，称为螺纹三要素。

二、螺纹的种类

根据螺纹的不同功能，螺纹可进行如下分类。

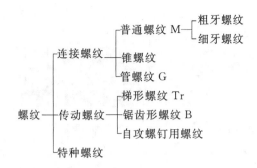

三、螺纹的表示方法与标注

1. 螺纹的表示方法

（1）外、内螺纹的表示方法，分别如图7-13、图7-14所示。

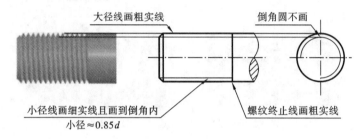

图7-13　外螺纹的画法

图7-14　内螺纹的画法

（2）不穿通的螺纹的表示方法，如图7-15所示。

（3）螺纹局部结构的画法与标注，如图7-16所示。

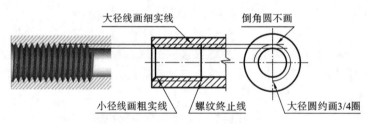

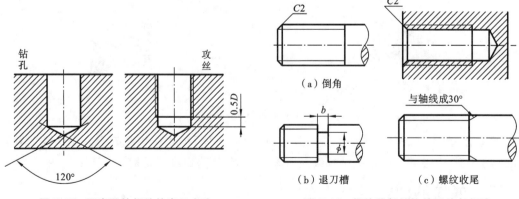

图7-15　不穿通的螺纹的表示方法

图7-16　螺纹局部结构的画法与标注

（4）螺纹牙型的表示方法，如图 7-17 所示。

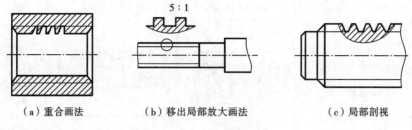

（a）重合画法　　　　（b）移出局部放大画法　　　　（c）局部剖视

图 7-17　螺纹牙型的表示方法

（5）螺纹连接的规定画法，如图 7-18 所示。

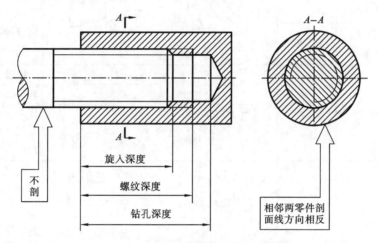

图 7-18　螺纹连接的规定画法

2. 螺纹的标注方法

常用的标准螺纹的种类、牙型与标注示例，如表 7-1 所示。

表 7-1　常用标准螺纹的种类、牙型与标注

螺纹类型		特征代号	牙型略图	标注示例	说　明
连接紧固用螺纹	粗牙普通螺纹	M		M16—6g	粗牙普通螺纹，公称直径 16 mm，右旋。中径公差带和大径公差带均为 6g。中等旋合长度
	细牙普通螺纹			M16×1—6H	细牙普通螺纹，公称直径 16 mm，螺距 1 mm，右旋。中径公差带和小径公差带均为 6H。中等旋合长度

螺纹类型		特征代号	牙型略图	标注示例	说　明
管用螺纹	55°非密封管螺纹	G			55°非密封管螺纹 G—螺纹特征代号 1—尺寸代号 A—外螺纹公差带代号
	55°密封管螺纹 圆锥内螺纹	R$_C$			55°密封管螺纹 R$_1$—与圆柱内螺纹配合的圆锥外螺纹 R$_2$—与圆锥内螺纹配合的圆锥外螺纹 1½—尺寸代号
	圆柱内螺纹	R$_P$			
	圆锥外螺纹	R$_1$、R$_2$			
传动螺纹	梯形螺纹	Tr			梯形螺纹,公称直径 36 mm,双线螺纹,导程 12 mm,螺距 6 mm,右旋。中径公差带为 7H。中等旋合长度
	锯齿形螺纹	B			锯齿形螺纹,公称直径 70 mm,单线螺纹,螺距 10 mm,左旋。中径公差带为 7e。中等旋合长度

1)普通螺纹的标注格式

| 牙型符号 | 公称直径 | × | 螺距 | 旋向 | — | 中径公差带代号 | 顶径公差带代号 | — | 旋合长度代号 |

螺纹代号　　　　　　　　螺纹公差代号

普通螺纹的牙型代号用 M 表示,公称直径为螺纹大径。细牙普通螺纹应标注螺距,粗牙普通螺纹不标注螺距。左旋螺纹用"LH"表示,右旋螺纹不标注旋向。螺纹公差代号由表示其大小的公差等级数字和表示其位置的基本偏差的字母(内螺纹为大写,外螺纹为小写)组成,如 6H、6g。如两组公差带不相同,则分别注出代号;如两组公差带相同,则只注一个代号。旋合长度为短(S)、中(N)、长(L)三种,一般多采用中等旋合长度,其代号 N 可省略不注,如采用短旋合长度或长旋合长度,则应标注 S 或 L。

例 7-1　粗牙普通外螺纹,大径为 10,右旋,中径公差带为 5g,顶径公差带为 6g,短旋合长度。应标记为 M10—5g6g—S。

2)管螺纹的标注格式

(1)55°密封管螺纹。

| 螺纹特征代号 | 尺寸代号 | 旋向代号 |（也适用于非密封的内管螺纹）

(2)55°非密封管螺纹。

| 螺纹特征代号 | 尺寸代号 | 公差等级代号 | — | 旋向代号 |（仅适用于非密封的外管螺纹）

以上螺纹特征代号分两类。① 55°密封管螺纹特征代号：Rp 表示圆柱内螺纹，R₁ 表示与圆柱内螺纹相配合的圆锥外螺纹；R_C 圆锥内螺纹，R₂ 表示与圆锥内螺纹相配合的圆锥外螺纹。② 55°非密封管螺纹特征代号：G。

公差等级分为 A、B 两级，只对 55°非密封的外管螺纹，对内管螺纹不标记公差等级代号。

螺纹为右旋时不标注旋向代号；为左旋时标注"LH"。

例 7-2　55°螺纹密封的圆柱内螺纹，尺寸代号为 1，左旋。应标记为 Rp1LH。

例 7-3　55°非螺纹密封的外管螺纹，尺寸代号为 3/4，公差等级为 A 级，右旋。应标记为 G3/4A。

3）梯形螺纹的标注格式

（1）单线梯形螺纹。

$$\underbrace{\boxed{牙型符号}\ \boxed{公称直径}\times\boxed{螺距}\ \boxed{旋向代号}}_{螺纹代号}-\boxed{中径公差带代号}-\boxed{旋合长度代号}$$

（2）多线梯形螺纹。

$$\underbrace{\boxed{牙型符号}\ \boxed{公称直径}\times\boxed{导程（螺距代号 P 和数值）旋向代号}}_{螺纹公差代号}-\boxed{中径公差带代号}-\boxed{旋合长度代号}$$

梯形螺纹的牙型代号为"Tr"，右旋不标注，左旋螺纹的旋向代号为"LH"，需标注。梯形螺纹的公差带为中径公差带。梯形螺纹的旋合长度为中(N)和长(L)两组，采用中等旋合长度(N)时，不标注代号(N)，如采用长旋合长度时，则应标注"L"。

例 7-4　梯形螺纹，公称直径 40，螺距为 7 的右旋、单线外螺纹，中径公差带代号为 7e，中等旋合长度。应标记为 Tr40×7—7e。

例 7-5　梯形螺纹，公称直径 40，导程为 14，螺距为 7 的左旋、双线内螺纹，中径公差带代号为 8E，长旋合长度。应标记为 Tr40×14(P7)LH—8E—L。

锯齿形螺纹标注的具体格式与梯形螺纹完全相同。

需要特别注意的是，管螺纹的尺寸不能像一般线性尺寸那样注在大径尺寸线上，而应用指引线自大径圆柱（或圆锥）母线上引出标注。

◀ 任务 7.2　常用螺纹紧固件及其连接 ▶

通过螺纹起连接和紧固作用的零件称螺纹紧固件。常用的螺纹紧固件有螺栓、双头螺柱、螺钉、螺母和垫圈等，如图 7-19 所示。这些零件都是标准件，一般由标准件厂大量生产，使用单位可根据需要按有关标准选用。

一、螺纹紧固件的标记方法

国家标准(GB/T 4459.1—1995)对螺纹紧固件的结构、形式、尺寸等都做了规定，在设计机器时，对于标准件，不必画出它们的零件图，只需按规定画法在装配图中画出，注明它们的标记即可。

螺纹紧固件的完整标记由标准编号、名称、螺纹规格或公称长度（必要时）、性能等级或材料等级、热处理、表面处理等组成。在一般情况下，紧固件采用简化标记，主要标记前四

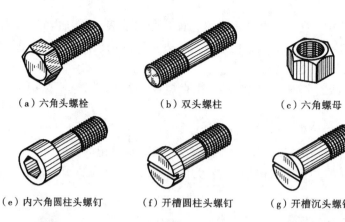

（a）六角头螺栓　　　（b）双头螺柱　　　（c）六角螺母　　　（d）六角开槽螺母

（e）内六角圆柱头螺钉　　（f）开槽圆柱头螺钉　　（g）开槽沉头螺钉　　（h）紧定螺钉

（i）平垫圈　　　（j）弹簧垫圈　　　（k）圆螺母用止动垫圈　　　（l）圆螺母

图 7-19　常用的螺纹紧固件

项。常用螺纹紧固件的标记示例如表 7-2 所示。

表 7-2　常用紧固件的结构与标记示例

名称	图　　例	完整标记和简化标记示例
六角头螺栓		完整标记： 螺栓 GB/T 5782—2000　M12×50 简化标记： 螺栓 GB/T 5782　M12×50
双头螺柱		完整标记： 螺柱 GB/T 899—1988　M12×45 简化标记： 螺柱 GB/T 899　M12×45
螺母		完整标记： 螺母 GB/T 6170—2000　M16 简化标记： 螺母 GB/T 6170　M16
平垫圈		完整标记： 垫圈 GB/T 97.1—2002　16 简化标记： 垫圈 GB/T 97.1　16
弹簧垫圈		完整标记： 垫圈 GB/T 93—1987　20 简化标记： 垫圈 GB/T 93　20

名　称	图　　例	完整标记和简化标记示例
Ⅰ型六角开槽螺母 A级和B级	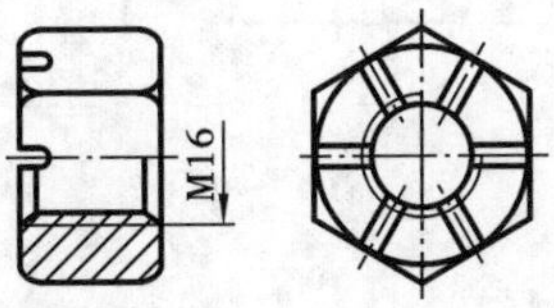 M16	完整标记： 螺母 GB/T 6178—1986　M16 简化标记： 螺母 GB/T 6178　M16
内六角圆柱头螺钉	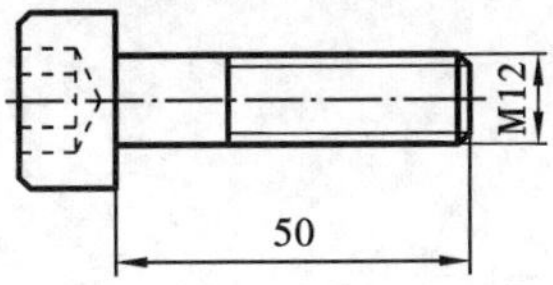 M12 50	完整标记： 螺钉 GB/T 70.1—2000　M12×50 简化标记： 螺钉 GB/T 70.1　M12×50
开槽圆柱头螺钉	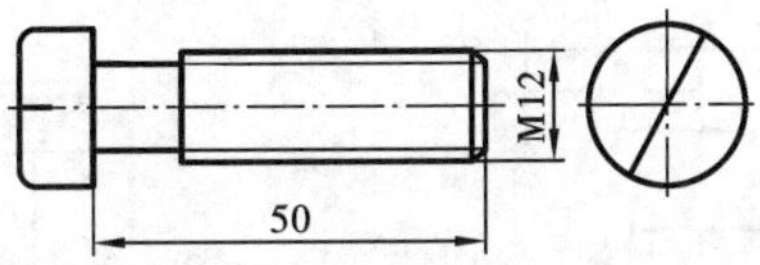 M12 50	完整标记： 螺钉 GB/T 65—2000　M12×50 简化标记： 螺钉 GB/T 65　M12×50
开槽沉头螺钉	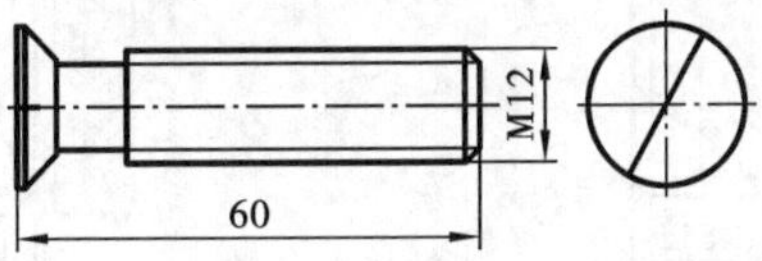 M12 60	完整标记： 螺钉 GB/T 68—2000　M12×60 简化标记： 螺钉 GB/T 68　M12×60
十字槽沉头螺钉	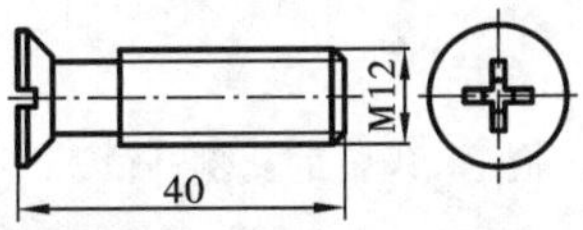 M12 40	完整标记： 螺钉 GB/T 819.1—2000　M12×40 简化标记： 螺钉 GB/T 819.1　M12×40
开槽锥端紧定螺钉	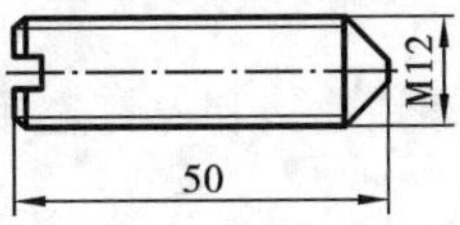 M12 50	完整标记： 螺钉 GB/T 71—1985　M12×50 简化标记： 螺钉 GB/T 71　M12×50
开槽长圆柱端紧定螺钉	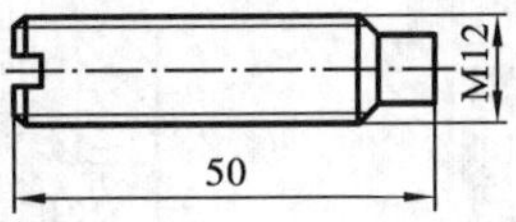 M12 50	完整标记： 螺钉 GB/T 75—1985　M12×50 简化标记： 螺钉 GB/T 75　M12×50

二、螺纹紧固件的画法

1. 按国家标准中规定的数据画图

根据螺纹紧固件标记中的公称直径 d（或 D），查阅有关标准，得出各部分尺寸后按图例进行绘图。

2. 采用比例画法

螺纹紧固件的螺纹公称直径一旦选定，其他各部分尺寸都取与公称直径 d（或 D）成一定比例的数值来画图的方法，称为比例画法。采用比例画法时，可以提高绘图速度，其中，螺纹紧固件的螺纹有效长度 l 需根据被连接件的厚度计算后取标准值。

各种常用螺纹连接件的比例画法，如图 7-20 所示。

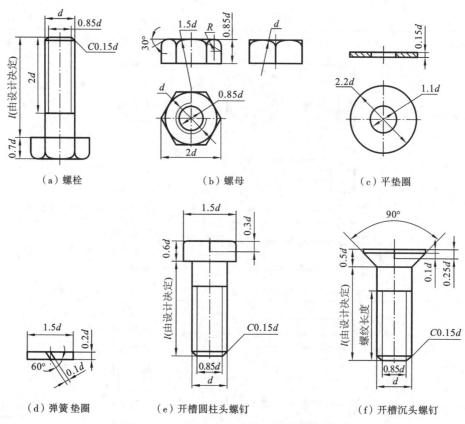

（a）螺栓　　　　　（b）螺母　　　　　（c）平垫圈

（d）弹簧垫圈　　（e）开槽圆柱头螺钉　　（f）开槽沉头螺钉

图 7-20　螺栓、螺母、垫圈、螺钉的比例画法

三、螺纹紧固件的连接画法

螺纹紧固件连接的基本形式有螺栓连接、螺柱连接和螺钉连接三种，如图 7-21 所示。

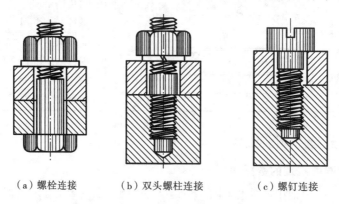

（a）螺栓连接　　　（b）双头螺柱连接　　　（c）螺钉连接

图 7-21　螺纹紧固件连接

1. 螺纹紧固件连接的规定画法

画螺纹紧固件的装配图时，应遵守以下规定。

（1）两零件的接触面只画一条粗实线；不接触的表面，不论间隙多小，都必须画成两条线。

（2）在剖视图中，相邻两个零件的剖面线方向应相反或间隔不同，但同一零件在各剖视图中，剖面线的方向和间隔应相同。

（3）当剖切平面通过螺杆的轴线时，对于螺栓、螺柱、螺钉、螺母及垫圈等均按不剖绘制，螺纹紧固件的工艺结构，如倒角、退刀槽、缩径、凸肩等均可省略不画。

2. 螺栓连接的画法

螺栓连接适用于连接不太厚并能钻成通孔的零件，连接件有螺栓、螺母和垫圈，如图 7-22(a)所示。

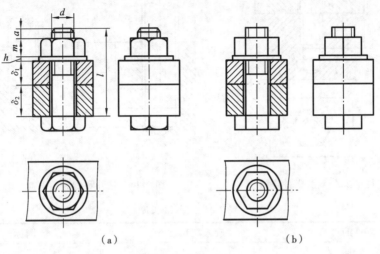

（a） （b）

图 7-22 螺栓连接

作图时为保证一组中多个螺栓装配方便，被连接件上孔径比螺纹大径略大，画图时取 $1.1d$。由图 7-22(a)可知，采用比例画法时，螺栓有效长度 l 为

$$l \approx \delta_1 + \delta_2 + h + m + a$$

其中，δ_1、δ_2 为被连接零件厚度；h 为垫圈厚度；m 为螺母厚度；$a = (0.3 \sim 0.4)d$ 为螺栓旋出长度。

螺栓连接还可以采用简化画法，螺栓倒角、六角头部曲线等均可省略不画，如图 7-22(b)所示。

3. 双头螺柱连接的画法

双头螺柱连接适用于被连接零件之一较厚或不允许钻成通孔、且经常拆卸的情况。连接件有双头螺柱、螺母和垫圈。在较薄的零件上加工成通孔，孔径取 $1.1d$，而在较厚的零件上制出不穿通的内螺纹，钻头头部形成的锥顶角为 $120°$。双头螺柱两端都加工有螺纹，连接时，一端旋入较厚零件中的螺孔，称旋入端；另一端穿过较薄零件的通孔，套上垫圈，再用螺母拧紧，称紧固端，如图 7-23 所示。在拆卸时只需拧出螺母、取下垫圈，而不必拧出螺柱，因此采用这种连接不会损坏被连接件上的螺纹孔。

螺孔深度一般取 $b_m + 0.5d$，钻孔深度一般取 $b_m + d$，如图 7-24(a)所示。

画螺柱连接时应注意如下几点。

（1）螺柱旋入端的螺纹终止线与两个被连接件的接触面必须画成一条线。

（2）双头螺柱的旋入端长度 b_m 与被连接零件的材料有关，按表 7-3 选取。

（3）双头螺柱的有效长度 L 应按下式估算：

$$L \approx \delta + s + m + (0.3 \sim 0.4)d$$

其中，δ 为零件厚度；s 为垫圈厚度；m 为螺母厚度；$a = (0.3 \sim 0.4)d$ 为螺柱旋出长度。

（4）不穿通螺纹孔的钻孔深度也可不表示，仅按有效螺纹部分的深度画出，如图 7-24（b）所示。

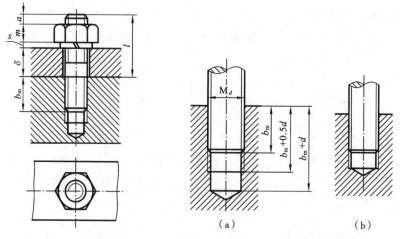

图 7-23　双头螺柱连接　　　　　图 7-24　钻孔和螺孔的深度

表 7-3　旋入端长度

被旋入零件的材料	旋入端长度 b_m	国标代号
钢、青铜	$b_\mathrm{m}=d$	GB/T 897—1988
铸铁	$b_\mathrm{m}=1.25d$ 或 $1.5d$	GB/T 898—1988 GB/T 899—1988
铝、较软材料	$b_\mathrm{m}=2d$	GB/T 900—1988

4. 螺钉连接的画法

螺钉连接按用途分为连接螺钉和紧定螺钉。

螺钉连接适用于不经常拆卸、且被连接零件之一较厚的场合。将螺钉穿过较薄零件的通孔后，直接旋入较厚零件的螺孔内，靠螺钉头部压紧被连接件，实现两者的连接。其画法如图 7-25 所示。

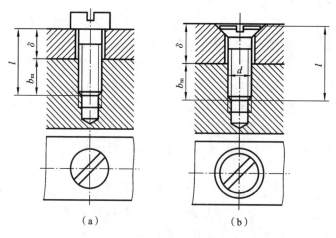

（a）　　　　　　　　　（b）

图 7-25　螺钉连接画法

对于带槽螺钉的槽部，在投影为圆的视图中画成与中心线成 45°，如图 7-25 所示；当槽宽小于 2 mm 时,可涂黑表示。

注意:为了使螺钉的头部压紧被连接零件,螺钉的螺纹终止线应超出螺孔的端面。

紧定螺钉对机件主要起定位和固定作用。采用紧定螺钉连接时,其画法如图 7-26 所示。

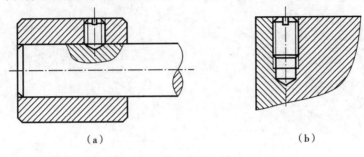

（a）　　　　　　　　　　　　　　　　（b）

图 7-26　紧定螺钉连接画法

◀ 任务7.3　齿　　轮 ▶

齿轮是用于机器中传递动力、改变旋向和改变转速的传动件。根据两啮合齿轮轴线在空间的相对位置不同,常见的齿轮传动可分为下列三种形式,如图 7-27 所示。其中,图 7-27(a)所示的圆柱齿轮用于两平行轴之间的传动;图 7-27(b)所示的圆锥齿轮用于垂直相交两轴之间的传动;图 7-27(c)所示的蜗轮蜗杆则用于交叉两轴之间的传动。

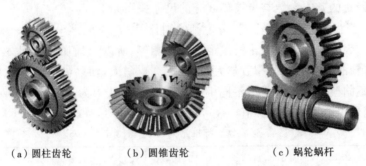

（a）圆柱齿轮　　　　　　（b）圆锥齿轮　　　　　　（c）蜗轮蜗杆

图 7-27　常见齿轮的传动形式

一、直齿圆柱齿轮

直齿圆柱齿轮各部分的名称和代号,如图 7-28 所示。

(1) 齿顶圆:轮齿顶部的圆,直径用 d_a 表示。

(2) 齿根圆:轮齿根部的圆,直径用 d_f 表示。

(3) 分度圆:齿轮加工时用以轮齿分度的圆,直径用 d 表示。在一对标准齿轮互相啮合时,两齿轮的分度圆应相切。

(4) 齿距:在分度圆上,相邻两齿同侧齿廓间的弧长,用 p 表示。

(5) 齿厚:一个轮齿在分度圆上的弧长,用 s 表示。

(6) 槽宽:一个齿槽在分度圆上的弧长,用 e 表示。在标准齿轮中,齿厚与槽宽各为齿距的一半,即 $s=e=p/2$,$p=s+e$。

(7) 齿顶高:分度圆至齿顶圆之间的径向距离,用 h_a 表示。

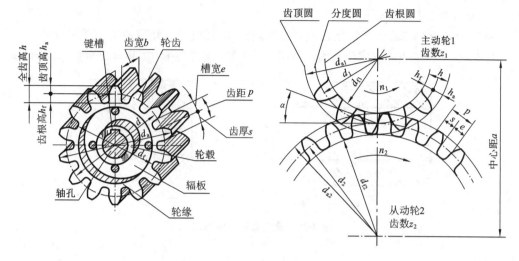

图 7-28 直齿圆柱齿轮各部分的名称和代号

（8）齿根高：分度圆至齿根圆之间的径向距离，用 h_f 表示。

（9）全齿高：齿顶圆与齿根圆之间的径向距离，用 h 表示。$h=h_a+h_f$。

（10）齿宽：沿齿轮轴线方向测量的轮齿宽度，用 b 表示。

（11）压力角：轮齿在分度圆的啮合点上的受力方向与该点瞬时运动方向线之间的夹角，用 α 表示。标准齿轮 $\alpha=20°$。

直齿圆柱齿轮的基本参数与齿轮各部分的尺寸关系如下。

（1）模数。当齿轮的齿数为 z 时，分度圆的周长 $=\pi d=zp$。令 $m=p/\pi$，则 $d=mz$，m 即为齿轮的模数。因为一对啮合齿轮的齿距 p 必须相等，所以，它们的模数也必须相等。模数是设计、制造齿轮的重要参数。模数越大，则齿距 p 也增大，随之齿厚 s 也增大，齿轮的承载能力也增大。不同模数的齿轮要用不同模数的刀具来制造。为了便于设计和加工，模数已经标准化，我国规定的标准模数数值如表 7-4 所示。

表 7-4 齿轮模数标准系列（GB/T 1357—2008）

第一系列	1,1.25,1.5,2,2.5,3,4,5,6,8,10,12,16,20,25,32,40,50
第二系列	1.125,1.375,1.75,2.25,2.75,3.5,4.5,5.5,(6.5),7,9,(11),14,18,22,28,(30),36,45

注：选用时，优先采用第一系列，括号内的模数尽可能不用。

（2）齿轮各部分的尺寸关系。当齿轮的模数 m 确定后，按照与 m 的尺寸关系，可计算出齿轮其他部分的基本尺寸，如表 7-5 所示。

表 7-5 标准直齿圆柱齿轮各部分的尺寸关系　　　　　单位：mm

名称及代号	公　式	名称及代号	公　式
模数 m	$m=p\pi=d/z$	齿根圆直径 d_f	$d_f=m(z-2.5)$
齿顶高 h_a	$h_a=m$	压力角 α	$\alpha=20°$
齿根高 h_f	$h_f=1.25m$	齿距 p	$p=\pi m$
全齿高 h	$h=h_a+h_f$	齿厚 s	$s=p/2=\pi m/2$
分度圆直径 d	$d=mz$	槽宽 e	$e=p/2=\pi m/2$
齿顶圆直径 d_a	$d_a=m(z+2)$	中心距 a	$a=(d_1+d_2)/2=m(z_1+z_2)/2$

1. 单个圆柱齿轮的画法

如图 7-29(a)所示,在端面视图中,齿顶圆用粗实线画出,齿根圆用细实线画出或省略不画,分度圆用点画线画出。另一视图一般画成全剖视图,而轮齿规定按不剖处理,用粗实线表示齿顶线和齿根线,点画线表示分度线,如图 7-29(b)所示;若不画成剖视图,则齿根线可省略不画。当需要表示轮齿为斜齿时(或人字齿时),在外形视图上应画出三条与齿线方向一致的细实线,如图 7-29(c)、(d)所示。

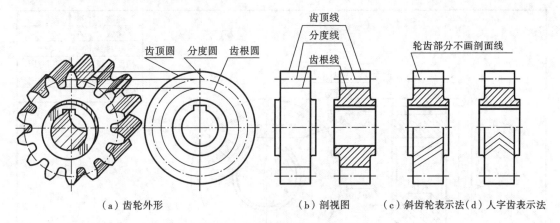

(a)齿轮外形　　　　　　　　(b)剖视图　　(c)斜齿轮表示法(d)人字齿表示法

图 7-29 单个直齿圆柱齿轮的画法

2. 圆柱齿轮的啮合画法

如图 7-30(a)所示,在表示齿轮端面的视图中,齿根圆可省略不画,啮合区内的齿顶圆均用粗实线绘制。啮合区内的齿顶圆也可省略不画,但相切的分度圆必须用点画线画出,如图 7-30(b)所示。若不作剖视,则啮合区内的齿顶线不画,此时分度线用粗实线绘制,如图7-30(c)所示。

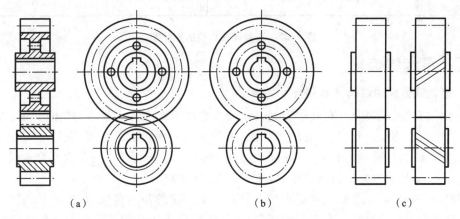

(a)　　　　　　　　　　(b)　　　　　　　　　　(c)

图 7-30 圆柱齿轮的啮合画法

在剖视图中,啮合区的投影如图 7-31 所示,一个齿轮的齿顶线与另一个齿轮的齿根线之间有 0.25 mm 的间隙,被遮挡的齿顶线用虚线画出,也可省略不画。

图 7-32 所示为直齿圆柱齿轮的工作图。

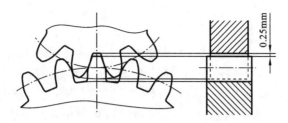

图 7-31　轮齿啮合区在剖视图上的画法

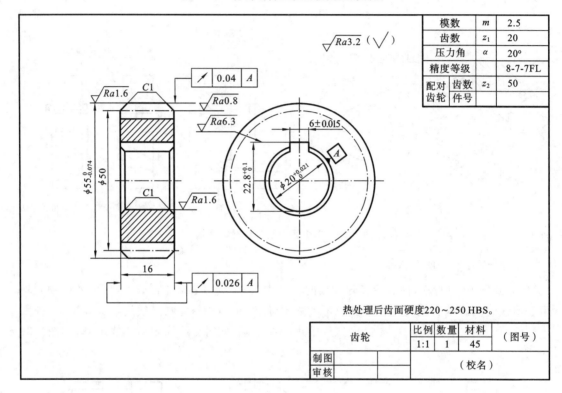

模数	m	2.5
齿数	z_1	20
压力角	α	20°
精度等级		8-7-7FL
配对齿轮	齿数 z_2	50
	件号	

热处理后齿面硬度220~250 HBS。

齿轮	比例	数量	材料	（图号）
	1:1	1	45	
制图				（校名）
审核				

图 7-32　直齿圆柱齿轮的零件图

二、直齿锥齿轮

1. 直齿锥齿轮的结构要素和尺寸关系

由于锥齿轮的轮齿分布在圆锥面上,因此,其轮齿一端大另一端小,其齿厚和齿槽宽等也随之由大到小逐渐变化,其各处的齿顶圆、齿根圆和分度圆也不相等,而是分别处于共顶的齿顶圆锥面、齿根圆锥面和分度圆锥面上。轮齿的大、小两端处于与分度圆锥素线垂直的两个锥面上,分别称为背锥面和前锥面,如图 7-33 所示。

模数 m、齿数 z、压力角 α 和分锥角 δ 是直齿锥齿轮的基本参数,是决定其他尺寸的依据。只有锥齿轮的模数和压力角分别相等,且两齿轮分锥角之和等于两轴线间夹角的一对直齿圆锥齿轮才能正确啮合。为了便于设计和制造,规定以大端端面模数为标准模数来计算大端轮齿各部分的尺寸。直齿锥齿轮的尺寸关系如表 7-6 所示。

2. 单个齿轮的画法

单个锥齿轮的规定画法如图 7-34 所示。齿顶线、剖视图中的齿根线和大、小端的齿顶圆用粗实线绘制,分度线和大端的分度圆用点画线绘制,齿根圆及小端分度圆均不必画出。

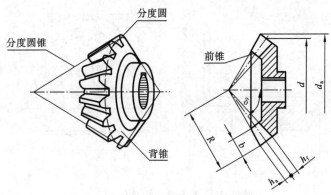

图 7-33 圆锥齿轮各部分名称及代号

表 7-6 直齿圆锥齿轮的计算公式

名　称	代　号	计算公式
齿顶高	h_a	$h_a = m$
齿根高	h_f	$h_f = 1.2m$
齿高	h	$h = h_a + h_f = 2.2m$
分度圆直径	d	$d = mz$
齿顶圆直径	d_a	$d_a = m(z + 2\cos\delta)$
齿根圆直径	d_f	$d_f = m(z - 2.4\cos\delta)$
外锥距	R	$R = mz/(2\sin\delta)$
分度圆锥角	δ_1	$\tan\delta_1 = z_1/z_2$
	δ_2	$\tan\delta_2 = z_2/z_1$
齿高	b	$b \leqslant R/3$

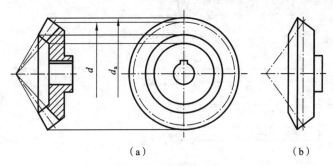

（a）　　　　　　　　　　　　（b）

图 7-34 锥齿轮画法

3. 齿轮啮合的画法

图 7-35 所示为一对直齿锥齿轮啮合的画法,两齿轮轴线相交成 $90°$,两分度圆锥面共顶点。

锥齿轮的主视图常画成剖视图,当剖切平面通过两啮合齿轮的轴线时,在啮合区内,将一个齿轮的轮齿用粗实线绘制,另一个齿轮轮齿被遮挡的部分用虚线绘制,如图 7-35(a)中的主视图所示,也可以省略不画,如图 7-35(b)所示。左视图常用不剖的外形视图表示,如图 7-35(b)中的左视图所示。

三、蜗轮、蜗杆

蜗轮、蜗杆通常用于垂直交错的两轴之间的传动,蜗杆是主动件,蜗轮是从动件。它们

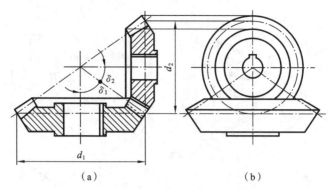

图 7-35　直齿锥齿轮啮合的画法

的齿形是螺旋形的,为了增加接触面积,蜗轮的轮齿顶面常制成圆弧形。蜗杆的齿数称为头数,相当于螺杆上螺纹的线数,有单线和多线之分。在传动时,蜗杆旋转一圈,蜗轮只转一个齿或两个齿。蜗轮、蜗杆传动,其传动比较大,且传动平稳,但效率较低。

　　相互啮合的蜗轮、蜗杆,其模数必须相同,蜗杆的导程角与蜗轮的螺旋角大小相等,方向相同。

　　如图 7-36(a)所示,蜗杆实质上是一个圆柱斜齿轮,只是齿数很少,其齿数相当于螺纹的线数,一般制成单线或双线。

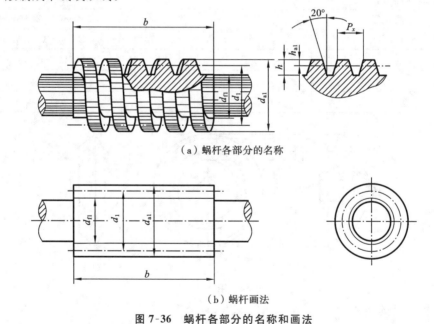

（a）蜗杆各部分的名称

（b）蜗杆画法

图 7-36　蜗杆各部分的名称和画法

d_1—分度圆直径;d_{a1}—齿顶圆直径;d_{f1}—齿根圆直径;h_{a1}—齿顶高;

h_{f1}—齿根高;h—齿高;b—蜗杆齿宽;P_x—轴向齿距

　　如图 7-37 所示,蜗轮实质上也是一个圆柱斜齿轮,所不同的是为了增加它与蜗杆的接触面积,将蜗轮外表面做成环面形状。

1. 蜗杆、蜗轮各部分名称及画法

　　如图 7-36(b)所示,蜗杆齿形部分的尺寸以轴向剖面上的尺寸为准。主视图一般不作剖视,分度圆、分度线用点画线绘制;齿顶圆、齿顶线用粗实线绘制;齿根圆、齿根线用细实线绘制。在零件图中,左视图同心圆一般省略不画。

如图 7-37 所示,蜗轮的齿形部分尺寸是以垂直蜗轮轴线的中间平面为准。主视图一般画成全剖,其轮齿为圆弧形,分度圆用点画线绘制;咽喉母圆和齿根圆用粗实线绘制。在零件图中,左视图同心圆一般省略不画。

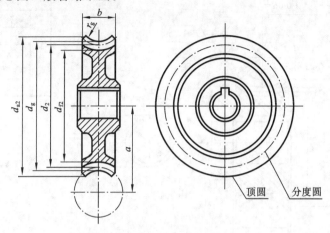

图 7-37 蜗轮各部分名称和画法

d_2—分度圆直径;d_g—喉圆直径;d_{f2}—齿根圆直径;

d_{a2}—外圆直径;b—蜗轮宽度;r_g—咽喉母圆半径;a—中心距

蜗轮和蜗杆的零件图如图 7-38、图 7-39 所示。

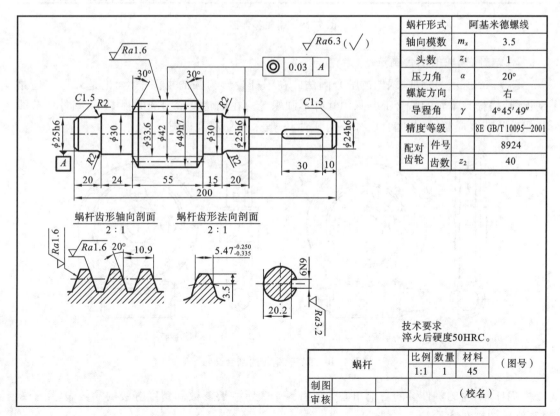

图 7-38 蜗杆零件图

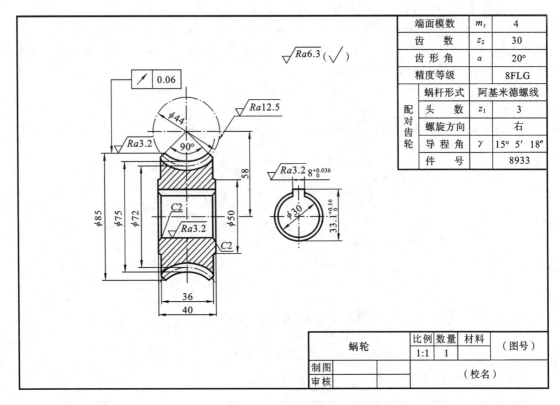

端面模数	m_t	4
齿　　数	z_2	30
齿 形 角	α	20°
精度等级		8FLG
	蜗杆形式	阿基米德螺线
配对齿轮	头　　数 z_1	3
	螺旋方向	右
	导 程 角 γ	15° 5′ 18″
	件　　号	8933

蜗轮	比例	数量	材料	（图号）
	1:1	1		
制图				（校名）
审核				

图 7-39　蜗轮零件图

2. 蜗杆、蜗轮的啮合画法

图 7-40 所示为蜗杆、蜗轮的啮合画法。在蜗杆投影为圆的视图中,无论是外形图还是剖视图,蜗杆与蜗轮的啮合部分只画蜗杆不画蜗轮。在蜗轮投影为圆的视图中,蜗杆的节线与蜗轮的节线应相切,其啮合区如果剖开时,一般采用局部剖视图。

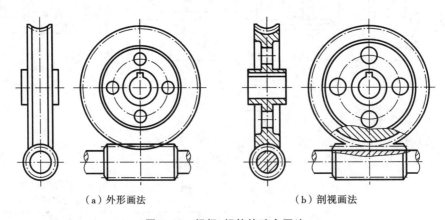

（a）外形画法　　　　　（b）剖视画法

图 7-40　蜗杆、蜗轮的啮合画法

蜗杆、蜗轮的零件图的右上角必须要有一个表示主要参数和精度等级的参数表,用于蜗杆、蜗轮的制造和检验。

◀ 任务 7.4　键　和　销 ▶

一、键

键是标准件。在机器和设备中,通常用键来连接轴和轴上的零件(如齿轮,带轮等),使它们能一起转动并传递转矩。这种连接称为键连接,如图 7-41 所示。

1. 常用键及其标记

键有多种形式,常用键有普通平键、半圆键、钩头楔键等,其形状如图 7-42 所示,其中普通平键最为常见。

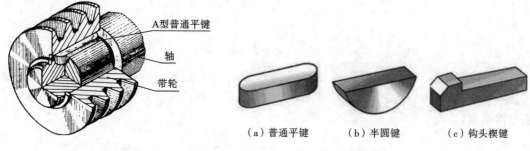

　　图 7-41　键连接　　　　　　　　　(a)普通平键　　(b)半圆键　　(c)钩头楔键

　　　　　　　　　　　　　　　　　　　　　　　　　　　　图 7-42　键

表 7-7 列出了这几种键的标准编号、画法及其标记示例。

表 7-7　常用键的图例和标记

名称及标准编号	图　例	标记示例	说　明
普通平键 GB/T 1096—2003	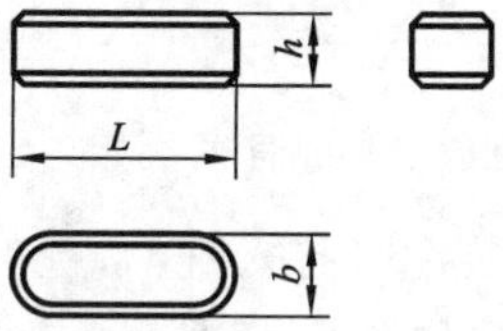	GB/T 1096—2003 键　18×100	圆头普通平键 键宽 $b=18$,$h=11$, 键长 $L=100$
半圆键 GB/T 1099.1—2003	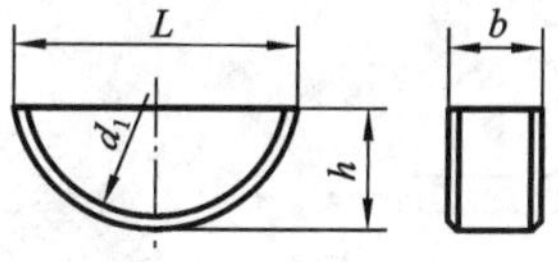	GB/T 1099.1—2003 键　6×25	半圆键 键宽 $b=6$,直径 $d=25$
钩头楔键 GB/T 1565—2003	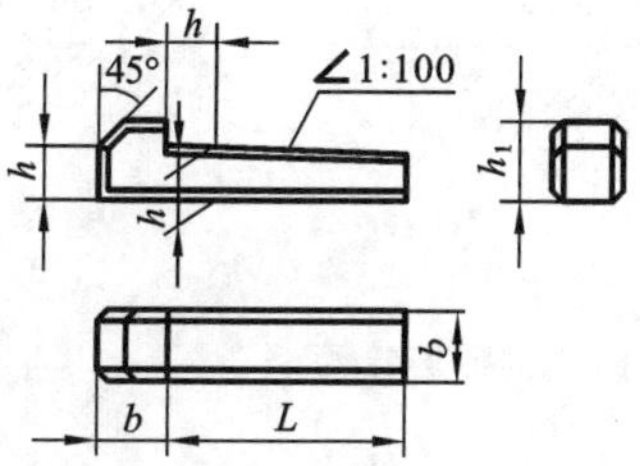	GB/T 1565—2003 键　18×100	钩头楔键 键宽 $b=18$,$h=8$, 键长 $L=100$

2. 键连接的画法

采用普通平键连接时,要在轴、轮毂的接触面处各开一键槽,将键嵌入。键的两侧面是工作面,因此它的两侧面应与轴、轮毂的键槽两侧面紧密接触,键的顶面为非工作面,应与轮毂槽的顶面留有一定的间隙。画图时,键的两侧与轮毂、轴的键槽两侧面接触,应画一条线,键的底面与轴上键槽的底面接触,也画一条线。键的顶面与轮毂上键槽的顶面有间隙,要画两条线。国家标准规定,沿轴和键的纵向剖切(纵剖)时,实心轴和键按不剖画,沿轴和键的横向剖切(横剖)时,键和实心轴按剖切画出,如图7-43所示。

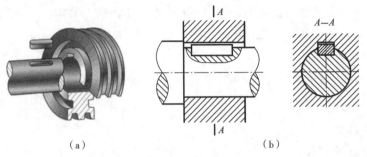

（a）　　　　　　　　　　（b）

图7-43　普通平键连接的画法

半圆键的连接与普通平键类似,键的两侧面是工作面,因此,它的两侧面应与轴、轮毂的键槽两侧面紧密接触,键的顶面为非工作面,应与轮毂槽的顶面留有一定的间隙。画法与普通平键类似,如图7-44所示。

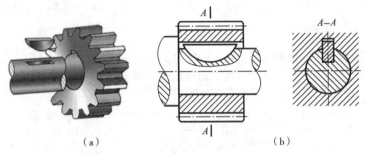

（a）　　　　　　　　　　（b）

图7-44　半圆键连接的画法

钩头楔键连接的顶面有1∶100的斜度,装配时打入键槽,键的顶面和底面分别与轴上键槽的底面、轮毂上键槽顶面接触无间隙,画法如图7-45所示。

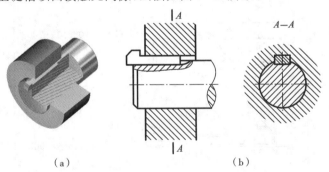

（a）　　　　　　　　　　（b）

图7-45　钩头楔键连接画法

3. 键槽的画法及尺寸标注

键的参数一旦确定,轴和轮毂上键槽的尺寸应查阅有关标准确定,键槽的画法和尺寸标注如图7-46、图7-47所示。

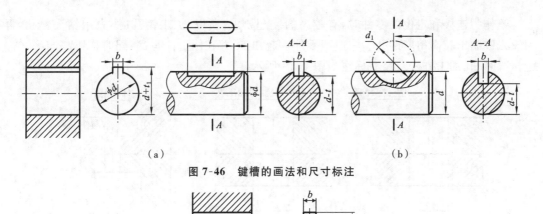

（a）　　　　　　　　　　　　　　　　　　　　（b）

图 7-46　键槽的画法和尺寸标注

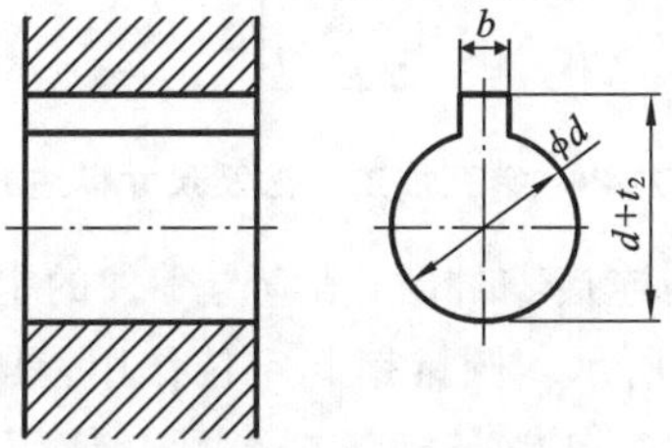

图 7-47　轮毂的画法和尺寸标注

二、销

销是标准件。常用的销有圆柱销、圆锥销、开口销等,其形状如图 7-48 所示。圆柱销、圆锥销通常用于零件间的连接或定位;开口销常用在螺纹连接的锁紧装置中,以防止螺母的松脱。

（a）圆柱销　　　　　　（b）圆锥销　　　　　　（c）开口销

图 7-48　销

表 7-8 列出了常用的几种销的标准代号、形式和标记示例。

表 7-8　销的画法和标记示例

名称	圆　柱　销	圆　锥　销	开　口　销
结构及规格尺寸	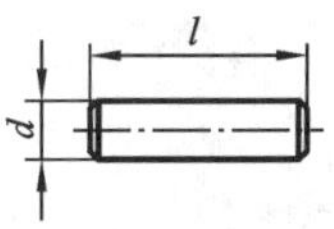	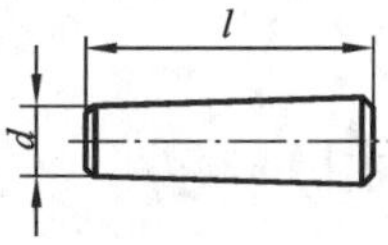	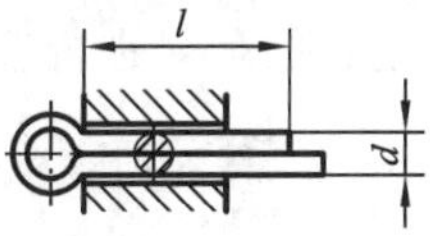
简化标记示例	销 GB/T 120.2　5×20	销 GB/T 877　6×24	销 GB/T 91　5×30
说明	公称直径 $d=5$ mm,长度 $l=20$ mm,公差为 m6,材料为钢,普通淬火(A 型),表面氧化的圆柱销	公称直径 $d=6$ mm,长度 $l=24$ mm,材料为 35 钢,热处理硬度 28～38HRC,表面氧化处理的 A 型圆锥销	公称直径 $d=5$ mm,长度 $l=30$ mm,材料为 Q215 或 Q235,不经表面处理的开口销

销作为连接和定位的零件时,有较高的装配要求,所以,加工销孔时,先用钻头钻孔,再用绞刀铰制出较高精度的孔。一般两零件一起加工,并在图上注写"装配时作"或"与××件配作"。销孔加工方法及尺寸标注如图 7-49 所示。

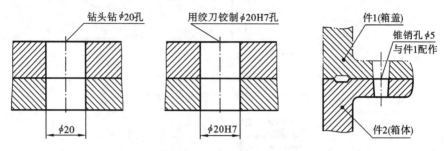

图 7-49　销孔加工方法及尺寸标注方法

销的回转面为工作面,用销连接零件时,销应与零件的销孔接触。圆柱销起连接和安全保护作用,其画法如图 7-50(a)所示。圆锥销起定位作用,具有自锁功能,打入后不会自动松脱,其画法如图 7-50(b)所示。开口销与槽形螺母配合使用,以防止螺母松动,其画法如图7-50(c)所示。

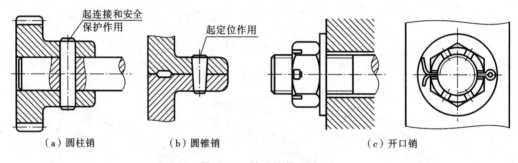

（a）圆柱销　　　　　（b）圆锥销　　　　　（c）开口销

图 7-50　销连接的画法

◀ 任务7.5　滚 动 轴 承 ▶

滚动轴承是用于支撑旋转轴和承受轴上载荷的标准件。它具有结构紧凑、摩擦阻力小等优点,因此得到广泛应用。在工程设计中无须单独画出滚动轴承的图样,而是根据国家标准中规定的代号进行选用。

一、滚动轴承的结构和分类

滚动轴承由内圈、外圈、滚动体和保持架等部分组成。常用的滚动轴承按受力方向可分为以下三种类型。

（1）向心轴承:主要承受径向载荷,如图 7-51(a)所示。

（2）向心推力轴承:同时承受径向和轴向载荷,如图 7-51(b)所示。

（3）推力轴承:只承受轴向载荷,如图 7-51(c)所示。

二、滚动轴承的代号

滚动轴承的代号是由基本代号、前置代号和后置代号三部分组成,各部分的排列如下。

（a）深沟球轴承　　（b）圆锥滚子轴承　　（c）推力球轴承

图 7-51　滚动轴承

| 前置代号 |　| 基本代号 |　| 后置代号 |

滚动轴承的基本代号表示轴承的基本类型、结构和尺寸，是滚动轴承代号的基础，使用时必须标注，它由轴承类型代号、尺寸系列代号、内径代号三部分构成。类型代号由数字或字母表示；尺寸系列代号由轴承宽（高）度系列代号和直径系列代号组合而成，用两位数字表示；其中左边一位数字为宽（高）度系列代号，右边一位数字为直径系列代号，内径代号用数字表示。

前置代号和后置代号是轴承在结构形式、尺寸、公差和技术要求等有改变时，在其基本代号前后添加的补充代号。

1. 类型代号

类型代号用数字或字母表示，轴承类型代号如表 7-9 所示。

表 7-9　轴承类型代号

代号	轴 承 类 型	代号	轴 承 类 型
0	双列角接触球轴承	6	深沟球轴承
1	调心球轴承	7	角接触球轴承
2	调心滚子轴承和推力调心滚子轴承	8	推力轴承
3	圆锥滚子轴承	N	圆柱滚子轴承，双列或多列用字母 NN 表示
4	双列深沟球轴承	U	外球面球轴承
5	推力球轴承	QJ	四点接触球轴承

注：在表中代号后或前加字母或数字表示该轴承中的不同结构。

2. 尺寸系列代号

尺寸系列代号由滚动轴承的宽（高）度系列代号组合而成。向心轴承、推力轴承尺寸系列代号，如表 7-10 所示。

尺寸系列代号有时可以省略：除圆锥滚子轴承外，其余各类轴承宽度系列代号"0"均省略；深沟球轴承和角接触球轴承的 10 尺寸系列代号中的"1"可以省略；双列深沟球轴承的宽度系列代号"2"可以省略。

3. 内径代号

内径代号表示轴承的公称内径，滚动轴承内径代号如表 7-11 所示。

表 7-10　滚动轴承尺寸系列代号

直径系列代号	向心轴承								推力轴承			
	宽度系列代号								宽度系列代号			
	8	0	1	2	3	4	5	6	7	9	1	2
	尺寸系列代号											
7	—	—	17	—	37	—	—	—	—	—	—	—
8	—	08	18	28	38	48	58	68	—	—	—	—
9	—	09	19	29	39	49	59	69	—	—	—	—
0	—	00	10	20	30	40	50	60	70	90	10	—
1	—	01	11	21	31	41	51	61	71	91	11	—
2	82	02	12	22	32	42	52	62	72	92	12	22
3	83	03	13	23	33	—	—	—	73	93	13	23
4	—	04	—	24	—	—	—	—	74	94	14	24
5	—	—	—	—	—	—	—	—	—	95	—	—

表 7-11　滚动轴承内径代号

轴承公称内径 d/mm		内 径 代 号
0.6～10（非整数）		用公称内径毫米数直接表示，在其与尺寸系列代号之间用"/"分开
1～9（整数）		用公称内径毫米数直接表示，对深沟球轴承及角接触轴承 7、8、9 直径系列，内径与尺寸系列代号之间用"/"分开
10～17	10	00
	12	01
	15	02
	17	03
20～480（22、28、32 除外）		公称内径除以 5 的商数，商数为个位数，需要在商数左边加"0"，如 08
≥500 以及 22、28、32		用尺寸内径毫米数直接表示，但在与尺寸系列代号之间用"/"分开

4. 基本代号示例

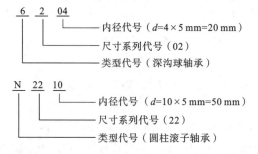

三、滚动轴承的画法

　　滚动轴承是标准组件，一般不单独绘出零件图，国标规定在装配图中采用简化画法和规定画法来表示，其中简化画法又分为通用画法和特征画法两种。在装配图中，若不必确切地表示滚动轴承的外形轮廓、载荷特征和结构特征,可采用通用画法来表示。即在轴的两侧用粗实线矩形线框及位于线框中央用正立的十字形符号表示,十字形符号不应与线框接触。在装配图中,若要较形象地表示滚动轴承的结构特征,可采用特征画法来表示,通用画法和特征画法如表 7-12 所示。

表 7-12　常用滚动轴承的画法

种类	深沟球轴承	圆锥滚子轴承	推力球轴承
已知条件	D、d、B	D、d、B、T、C	D、d、T
特征画法			
一侧为规定画法,一侧为通用画法			

在装配图中,若要较详细地表达滚动轴承的主要结构形状,可采用规定画法来表示。此时,轴承的保持架及倒角省略不画,滚动体不画剖面线,各套圈的剖面线方向可画成一致,间隔相同。一般只在轴的一侧用规定画法表达,在轴的另一侧仍然按通用画法表示,如图7-52所示。

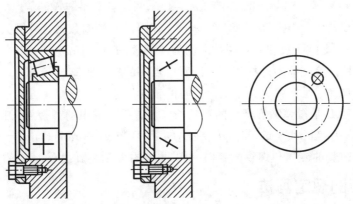

图 7-52　滚动轴承在装配图中的画法

◀ 任务7.6 弹 簧 ▶

弹簧是一种常用件，它通常用来减振、夹紧、测力和贮存能量。弹簧的种类多，常用的有螺旋弹簧和涡卷弹簧等。根据受力情况不同，螺旋弹簧又可分为压缩弹簧、拉伸弹簧和扭转弹簧等，常用的各种弹簧如图7-53所示。弹簧的用途很广，本节只介绍圆柱螺旋压缩弹簧。

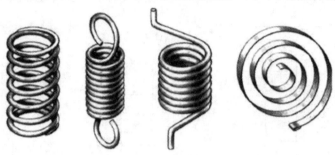

图7-53 常用的各种弹簧

一、圆柱螺旋压缩弹簧的参数及尺寸关系

圆柱螺旋压缩弹簧的参数及尺寸关系，如图7-54所示。

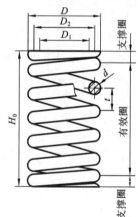

图7-54 弹簧的参数

（1）材料直径 d 是指制造弹簧的钢丝直径。

（2）弹簧直径分为弹簧外径、内径和中径。

弹簧外径 D ——弹簧的最大直径。

弹簧内径 D_1 ——弹簧的最小直径，$D_1 = D - 2d$。

弹簧中径 D_2 ——弹簧外径和内径的平均值，$D_2 = (D + D_1)/2 = D - d = D_1 + d$。

（3）圈数包括支撑圈数、有效圈数和总圈数。

支撑圈数 n_2 ——为使弹簧工作时受力均匀，弹簧两端并紧磨平而起支撑作用的部分称为支撑圈，两端支撑部分加在一起的圈数称为支撑圈数（n_2）。当材料直径 $d \leqslant 8$ mm 时，支撑圈数 $n_2 = 2$；当 $d > 8$ mm 时，$n_2 = 1.5$，两端各磨平 3/4 圈。

有效圈数 n ——支撑圈以外的圈数为有效圈数。

总圈数 n_1 ——支撑圈数和有效圈数之和为总圈数，$n_1 = n + n_2$。

（4）节距 t 是指除支撑圈外的相邻两圈对应点间的轴向距离。

（5）自由高度 H_0 是指弹簧在未受负荷时的轴向尺寸。

（6）展开长度 L 是指弹簧展开后的钢丝长度。有关标准中的弹簧展开长度 L 均指名义尺寸，其计算方法为：当 $d \leqslant 8$ mm 时，$L = \pi D_2 (n + 2)$；当 $d > 8$ mm 时，$L = \pi D_2 (n + 1.5)$。

（7）旋向。弹簧的旋向与螺纹的旋向一样，也有右旋和左旋之分。

二、弹簧的规定画法

在平行于弹簧轴线的投影面的视图中，各圈的轮廓线画成直线。

螺旋弹簧均可画成右旋，左旋弹簧可画成左旋或右旋，但一律要注出旋向"左"字。

压缩弹簧在两端并紧磨平时,不论支撑圈数多少或末端并紧情况如何,均按支撑圈数 2.5 圈的形式画出。

有效圈数在 4 圈以上的螺旋弹簧,中间部分可以省略。中间部分省略后,允许适当缩短图形长度。

图 7-55 所示为圆柱螺旋压缩弹簧的画图步骤。

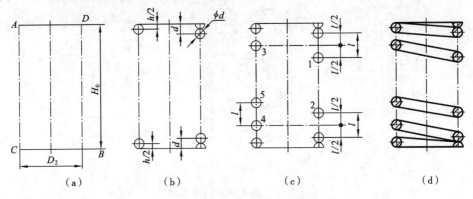

图 7-55　圆柱螺旋压缩弹簧的画法

圆柱螺旋压缩弹簧的零件工作图参照图 7-56 所示的图样格式。

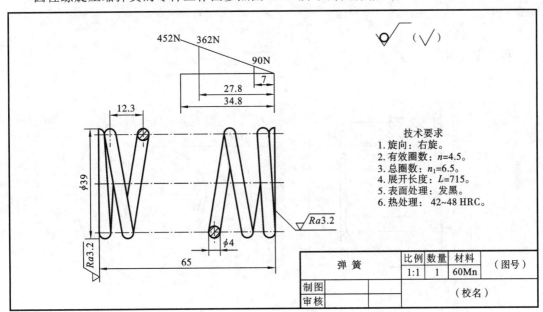

图 7-56　圆柱螺旋压缩弹簧图样格式

三、弹簧在装配图中的画法

在装配图中,弹簧的画法要注意以下几点。

(1)螺旋弹簧被剖切时,允许只画簧丝剖面。当簧丝直径小于或等于 2 mm 时,其剖面可涂黑表示,如图 7-57(b)所示。

(2)当簧丝直径小于或等于 2 mm 时,允许采用示意画法,如图 7-57(c)所示。

(3)弹簧被挡住的结构一般不画,其可见部分应从弹簧的外径或中径画起,如图 7-57

（a）所示。

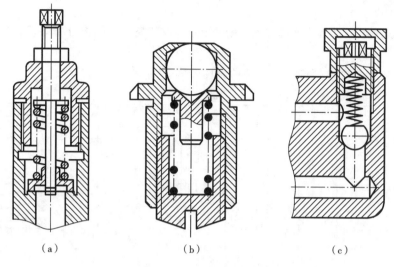

图 7-57　装配图中弹簧画法

拓展与练习

一、作图题

单个齿轮画法练习。

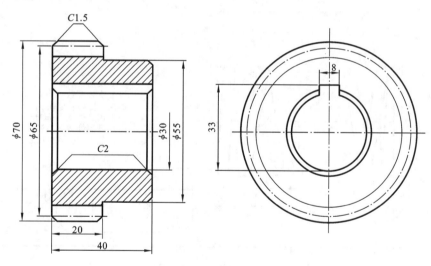

图 7-58

二、填空题

1. 螺纹的要素包括_____、_____、_____、螺距和旋向。

2. 按规定画法绘制螺纹时，若螺纹大径为 d，则小径按_____ d 绘制。

3. 不通螺孔圆锥面尖端的锥顶角画成_____。

4. 最常用的三种螺纹紧固件是_____连接、_____连接和_____连接。

5. 以剖视图表示内、外螺纹连接时，其旋合部分应按_____的画法绘制。

6. 普通平键和半圆键的工作面是_____面,钩头楔键的工作面是_____面。

7. 一对齿轮相互啮合的条件是_____。

8. 在不剖的视图中绘制直齿圆柱齿轮时,齿顶圆和齿顶线用_____线绘制;分度圆和分度线用_____线绘制;齿根圆和齿根线用_____线绘制;可以省略不画的是_____。

9. 常用滚动轴承按其受力方向可分为_____轴承、_____轴承和_____轴承。

10. 在装配图中滚动轴承可以有_____画法、_____画法和_____画法。

项目 8

零件图

知识目标

(1) 了解零件图的作用与内容。

(2) 掌握典型零件(轴套类、轮盘类、叉架类、箱体类)的表达方法。

(3) 掌握零件图尺寸的正确标注方法。

(4) 学习读零件图的方法和步骤。

能力目标

(1) 知道零件图技术要求的指标、意义及其注法。

(2) 掌握读零件图的方法和步骤。

(3) 能熟练使用 AutoCAD 绘图软件绘制各类零件图。

思政目标

(1) 培养学生严谨细致、精益求精的工匠精神。

(2) 提高学生职业素养、协作能力、沟通能力以及自主学习的能力。

(3) 培养学生为国家现代化智能制造做贡献的爱国主义情怀及民族自信。

任何机器(或部件)都是由一定数量、相互联系的零件装配而成,表达单个零件结构形状、大小及技术要求的图样称为零件图。通常,零件可分为标准件(紧固件、键、销、滚动轴承等)和非标准件,非标准件又可分轴套类、盘盖类、叉架类、箱体类等。

任务 8.1 零件图的内容

一、零件图的作用

在机械产品的生产过程中,加工和制造各种不同形状的机器零件时,一般是先根据零件图对零件材料和数量的要求进行备料,然后按图纸中零件的形状、尺寸与技术要求进行加工制造,同时,还要根据图纸上的全部技术要求,检验被加工零件是否达到规定的质量指标。由此可见,零件图是设计部门提交给生产部门的重要技术文件,它反映了设计者的意图,表达了对零件的要求,是生产中进行加工制造与检验零件质量的重要技术性文件。

二、零件图的内容

一张完整的零件图一般应包括以下几项内容,如图 8-1 所示。

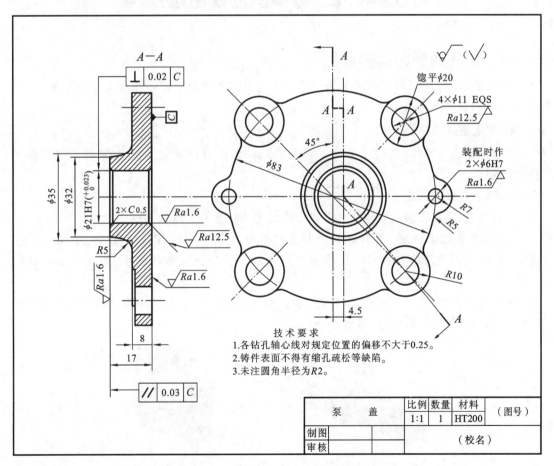

图 8-1 零件图

1. 一组图形

用于正确、完整、清晰和简便地表达出零件内外形状的图形,其中包括机件的各种表达方法,如视图、剖视图、断面图、局部放大图和简化画法等。

2. 完整的尺寸

零件图中应正确、完整、清晰、合理地注出制造零件所需的全部尺寸。

3. 技术要求

零件图中必须用规定的代号、数字、字母和文字注解说明制造和检验零件时在技术指标上应达到的要求。如表面结构,尺寸公差,形位公差,材料和热处理,检验方法以及其他特殊要求等。技术要求的文字一般注写在标题栏上方图纸空白处。

4. 标题栏

标题栏应配置在图框的右下角。它一般由更改区、签字区、其他区、名称以及代号区组成。填写的内容主要有零件的名称、材料、数量、比例、图样代号以及制图、审核者的姓名、日期等。标题栏的尺寸和格式已经标准化,可参见有关标准。

◀ 任务 8.2　零件图的视图选择 ▶

一、零件的视图选择原则

零件的视图选择原则是在完整、正确、清晰地表达各部分结构形状和大小的前提下,力求画图简便,视图数量最少。

1. 主视图的选择

主视图是表达零件的核心。因此,在表达零件时,应首先确定主视图,选择主视图应考虑以下两点。

1) 零件的摆放位置

一般来说,主视图应反映出零件在机器中的工作位置或主要加工位置。

(1) 零件的加工位置。零件在加工制造过程中,要把它按一定的位置固定并夹紧后进行加工。因此,在选择主视图时,应尽量与零件的加工位置一致,以便工人在加工时看图方便。

轴套类、轮盘类零件主要在车床或磨床上加工,如图 8-2 所示,传动轴和端盖(轴套类和轮盘类零件)按加工位置摆放(轴线水平)。

(a) 传动轴　　　　　　　　　　(b) 尾架端盖

图 8-2　轴套类和轮盘类零件

（2）零件的工作位置。零件的工作位置是指零件在机器或部件中工作时的位置。如支座、箱壳等零件，它们的结构形状比较复杂，加工工序较多，加工时的装夹位置经常变化，因此，在画图时使这类零件的主视图与工作位置一致，可方便零件图与装配图直接对照。

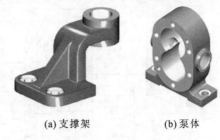

(a) 支撑架   (b) 泵体

图 8-3　叉架类、箱体类零件

有一些零件形状复杂，需要在不同的机床上加工，且加工状态各不相同，选择主视图时，尽量与零件工作位置一致。如图 8-3 所示，支撑架和泵体（叉架类和箱体类零件）按工作位置摆放。

2）主视图的投射方向

在零件摆放位置已定的情况下，主视图可从前、后、左、右四个方向投射，如图 8-4（a）所示 *A*、*B*、*C*、*D* 四个方向。从中选择较明显地表达零件的主要结构和各部分之间相对位置关系的一面为主视图。即主视图的投射方向应尽量反映出零件主要形体的形状特征。显然，图 8-4（a）中 *A* 向最能反映出该零件的形状特征。图 8-4（b）所示的主视图是较好的方案。

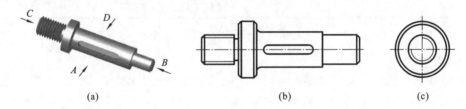

(a)   (b)   (c)

图 8-4　轴的主视图投射方向选择方案比较

2. 其他视图的选择

选择其他视图时，应以主视图为基础，根据零件形状的复杂程度和结构特点，以完整、正确、清晰地表达各部分结构为主线，优先考虑其他基本视图，采用相应的剖视、断面等方法，使每个视图有一个表达重点。对于零件尚未表达清楚的局部形状或局部结构，则可选择必要的局部视图、斜视图或局部放大图等来表达。

一般情况下，视图的数量与零件的复杂程度有关，零件越复杂，视图数量越多。对于同一个零件，特别是结构较为复杂的零件，可选择不同的表达方案，比较归纳后，确定一个最佳的表达方案。

总之，视图选择应是视图数量恰当，表达完整、正确、清晰，简单易懂。

二、典型零件的视图选择

零件的形状繁多，但按其结构形状可归纳为四大类，即轴套类零件、轮盘类零件、叉架类零件和箱体类零件。每一类零件应根据其自身的结构特点来确定其表达方案。

1. 轴套类零件

1）了解零件作用、分析其结构特点

轴套类零件主要起支撑、传递动力和轴向定位的作用。它的结构特点是由若干段不同直径的回转体同轴线组合而成，为了装配方便，轴上还加工有倒角、圆角、退刀槽等结构，主要是车削、磨削加工。图 8-5 所示的是主轴零件图。

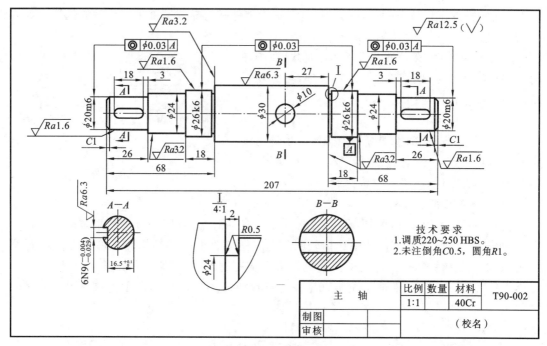

图 8-5　主轴零件图

2）视图选择

（1）主视图的选择。轴套类零件主要在车床或磨床上加工,主视图按加工位置（轴线水平）放置,以垂直轴线方向作为主视图的投射方向。如图 8-5 所示,主轴的主视图水平摆放,键槽、孔等结构面向观察者。

（2）其他视图的选择。一般采用断面图、局部视图、局部放大图等来表示键槽、退刀槽及其他细小结构。如图 8-8 所示,主轴采用了三个移出断面图、一个局部放大图来表达轴上的键槽、孔、退刀槽等结构。

因此,轴套类零件常采用一个主视图,若干个断面图、局部视图、局部放大图等来表达其结构。

2. 轮盘类零件

1）了解零件作用、分析其结构特点

轮盘类零件包括轮类和盘类。轮类零件主要起传递动力和扭矩的作用;盘类零件主要起支撑、定位和密封作用。它们的结构特点是由同一轴线的回转体组成,轴向尺寸较小,径向尺寸较大,其上常有孔、螺孔、键槽、凸台、轮辐等结构,以车削加工为主。图 8-6 所示的是端盖零件图。

2）视图选择

（1）主视图选择。轮盘类零件主视图一般按加工位置（轴线水平）放置,选择垂直轴线的投射方向画主视图。为了表达其内部结构,主视图常采用剖视图。如图 8-6 所示,端盖主视图采用了旋转剖视。

（2）其他视图选择。其他视图的确定必须根据零件结构的复杂程度而定,一般情况下,常用左视图或右视图来表达该类零件的外形结构。如图 8-6 所示,左视图表达了端盖的外形。

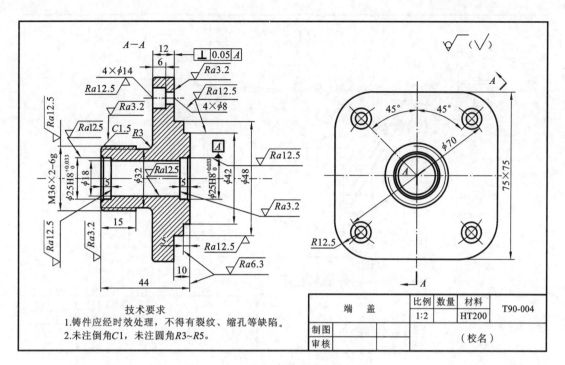

图 8-6 端盖零件图

因此,轮盘类零件一般用两个基本视图来表达,有时为了表达局部结构也采用局部视图和局部放大图来表达其结构。

3. 叉架类零件

1) 了解零件作用、分析其结构特点

叉架类零件包括各种用途的拨叉和支架。拨叉主要起操纵调速的作用,支架主要起支撑和连接的作用。它的结构形状差别很大,但一般都由工作部分、支撑部分和连接部分组成,其毛坯多为铸、锻件,工作部分和支撑部分经机械加工而成。图 8-7 所示的是托架零件图。

2) 视图选择

(1) 主视图的选择。通常按其工作位置放置,且选择反映形状特征的一面作为主视图,其中拨叉在机器工作时不停地摆动,没有固定的工作位置。为了画图方便,一般把拨叉主要轮廓放置成垂直或水平位置。主视图常采用局部剖视图。如图 8-7 所示,托架零件主视图采用了两处局部剖视。

(2) 其他视图的选择。叉架类零件的其他视图,可利用左(右)、或俯视图表达零件的外形结构,对其上局部和肋板等结构,常选用断面图、局部视图、斜视图等方法表达。

如图 8-7 所示,托架零件图采用了一个左视图,表达托架的外形;移出断面图,表达肋板结构;局部视图表达凸台结构。

因此,叉架类零件一般用两个或两个以上的基本视图来表达,对其上局部和肋板等结构常采用局部视图和断面图来表达。

4. 箱体类零件

1) 了解零件作用、分析其结构特点

箱体类零件主要起支撑、包容和密封其他零件的作用。这类零件的结构形状比较复杂,

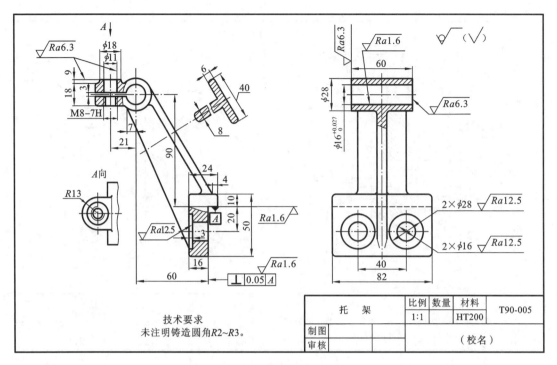

图 8-7　托架零件图

一般内部有较大的空腔、肋板、凸台、螺孔等结构。图 8-8 所示的是球阀阀体零件图。

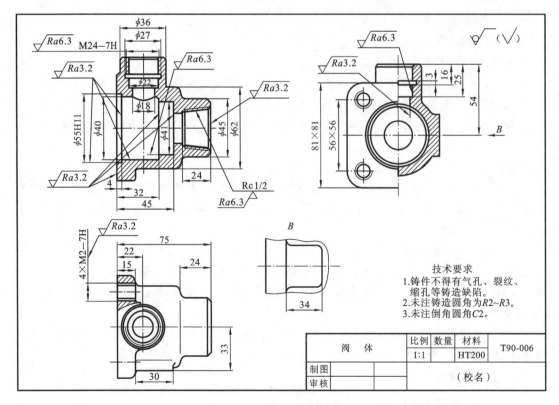

图 8-8　球阀阀体零件图

2)视图选择

（1）主视图的选择。箱体类零件加工位置多样，但其在机器中的工作位置是固定不变的，因此，常按箱体类零件的工作位置摆放，以便对照装配图，从装配关系中来了解箱体类零件的结构形状，并选用形状特征最明显的视图作为主视图。为了表达箱体类零件的内部结构，主视图一般采用剖视图，根据零件的复杂程度，可采用全剖、半剖视图和局部剖视图来表达。

如图 8-8 所示，阀体零件的主视图采用了一个全剖视图来表达阀体内部结构。

（2）其他视图的选择。箱体类零件的其他视图，可利用左（右）或俯视图表达零件的外形结构，对其上的肋板、凸台等结构，常选用断面图、局部视图、斜视图等方法表达。

如图 8-8 所示，阀体零件图还采用了一个半剖的左视图，一个局部剖的俯视图来表达阀体的内、外形结构，一个 B 向局部视图表达凸台的局部结构。泵体零件图还采用了一个全剖的左视图来表达泵体的内部结构，一个 A 向局部视图表达泵体底座的局部结构。

由于箱体类零件是组成部件的重要零件，其结构形状较复杂，主视图按工作位置摆放，并反映该零件的形状特征。因此，常用三个或三个以上基本视图来表达主要结构形状，局部结构常采用断面图、局部视图、局部剖视图等来表达。

◀ 任务 8.3　零件图的尺寸标注 ▶

一、基本要求

零件上各部分的大小是按照图样上所标注的尺寸进行制造和检验的。零件图中的尺寸，不但要按前面的要求标注得正确、完整、清晰，而且必须标注得合理。

所谓合理，是指所注的尺寸既符合零件的设计要求，又便于加工和检验（即满足工艺要求）。为了合理地标注尺寸，必须对零件进行结构分析、形体分析和工艺分析，根据分析先确定尺寸基准，然后选择合理的标注形式，结合零件的具体情况标注尺寸。本节将重点介绍标注尺寸的合理性问题。

二、尺寸基准

零件图尺寸标注既要保证设计要求又要满足工艺要求，首先应当正确选择尺寸基准。尺寸基准是指零件装配到机器上或在加工测量时，用以确定其位置的一些面、线或点。它可以是零件上对称平面、安装底平面、端面、零件的结合面、主要孔和轴的轴线等。

选择尺寸基准的目的：一是为了确定零件在机器中的位置或零件上几何元素的位置，以符合设计要求；二是为了在制作零件时，确定测量尺寸的起点位置，便于加工和测量，以符合工艺要求。因此，根据基准作用不同，一般将基准分为设计基准和工艺基准两类。

1. 设计基准

根据零件结构特点和设计要求而选定的基准，称为设计基准。零件有长、宽、高三个方向，每个方向都要有一个设计基准，该基准又称为主要基准，如图 8-9(a)所示。

对于轴套类和轮盘类零件，实际设计中经常采用的是轴向基准和径向基准，而不用长、宽、高基准，如图 8-9(b)所示。

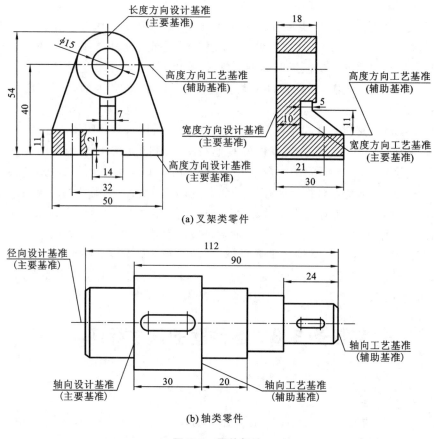

(a) 叉架类零件

(b) 轴类零件

图 8-9 零件标注

2. 工艺基准

在加工时,确定零件装夹位置和刀具位置的一些基准以及检测时所使用的基准,称为工艺基准。工艺基准有时可能与设计基准重合,该基准不与设计基准重合时又称为辅助基准。零件同一方向有多个尺寸基准时,主要基准只有一个,其余均为辅助基准,辅助基准必有一个尺寸与主要基准相联系,该尺寸称为联系尺寸。如图 8-9(a)中的 40、11、30,图 8-9(b)中的 30、90。

选择基准的原则是尽可能使设计基准与工艺基准一致,以减少两个基准不重合而引起的尺寸误差。当设计基准与工艺基准不一致时,应以保证设计要求为主,将重要尺寸从设计基准注出,次要基准从工艺基准注出,以便加工和测量。

三、合理选择标注尺寸应注意的问题

1. 结构上的重要尺寸必须直接注出

重要尺寸是指零件上对机器的使用性能和装配质量有关的尺寸,这类尺寸应从设计基准直接注出。如图 8-10 中的高度尺寸 32 ± 0.01 为重要尺寸,应从高度方向主要基准直接注出,以保证精度要求。

2. 避免出现封闭的尺寸链

封闭的尺寸链是指一个零件同一方向上的尺寸像车链一样,一环扣一环首尾相连,成为

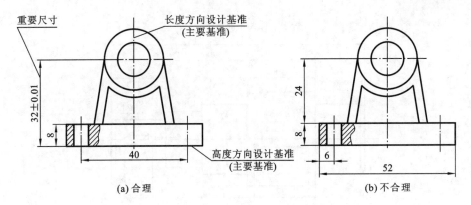

图 8-10 重要尺寸从设计基准直接注出

封闭形状的情况。如图 8-11 所示,各分段尺寸与总体尺寸间形成封闭的尺寸链,在机器生产中这是不允许的,因为各段尺寸加工不可能绝对准确,总有一定尺寸误差,而各段尺寸误差的和不可能正好等于总体尺寸的误差。为此,在标注尺寸时,应将次要的轴段尺寸空出不注(称为开口环),如图 8-12(a)所示。这样,其他各段加工的误差都积累至这个不要求检验的尺寸上,使全长及主要轴段的尺寸因此得到保证。如需标注开口环的尺寸时,可将其注成参考尺寸,如图 8-12(b)所示。

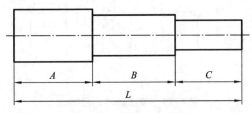

图 8-11 封闭的尺寸链

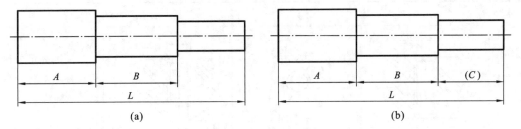

图 8-12 开口环的确定

3. 考虑零件加工、测量和制造的要求

(1)考虑加工看图方便。不同加工方法所用尺寸分开标注,便于看图加工,如图 8-13 所示,是将车削与铣削所需要的尺寸分开标注。

(2)考虑测量方便。尺寸标注有多种方案,但要注意所注尺寸是否便于测量,如图 8-14 所示,两种不同标注方案中,不便于测量的标注方案是不合理的。

四、零件上常见孔的尺寸注法

螺孔、光孔和沉孔是零件上常见的结构,它们的尺寸注法分为普通注法和旁注法两种,如表 8-1 所示。

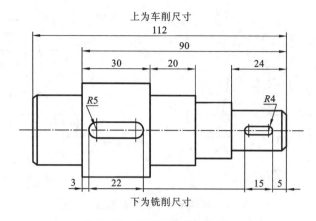

图 8-13　按加工方法标注尺寸

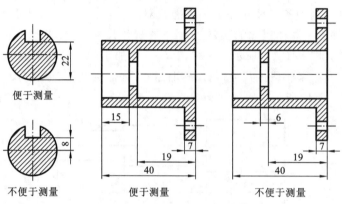

图 8-14　考虑尺寸测量方便

表 8-1　常见孔的尺寸注法

类型	旁 注 法		普通注法	说　　明
螺孔	3×M6 2×C1	3×M6 2×C1	3×M6　2×C1	3×M6 表示公称直径为 6,均匀分布的 3 个螺孔
	3×M6▽10 ▽12	3×M6▽10 ▽12	3×M6	"▽"为深度符号,M6▽10 表示螺孔深 10,▽12 表示孔深 12
	3×M6▽10	3×M6▽10	3×M6	对钻孔深度无一定要求,可不必标准,一般加工到比螺孔稍深即可

类型	旁 注 法		普 通 注 法	说　　明
光孔	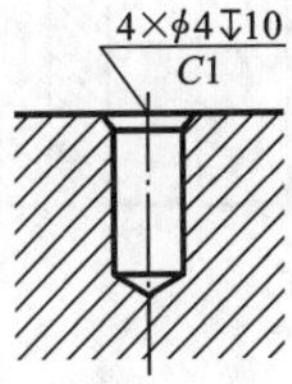 4×φ4↓10 C1	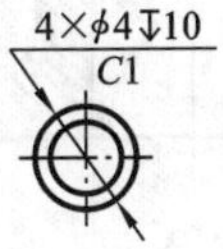 4×φ4↓10 C1	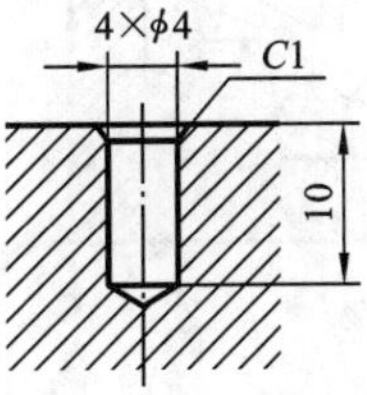 4×φ4　C1 10	4×φ4 表示直径为 4,均匀分布的 4 个光孔
沉孔	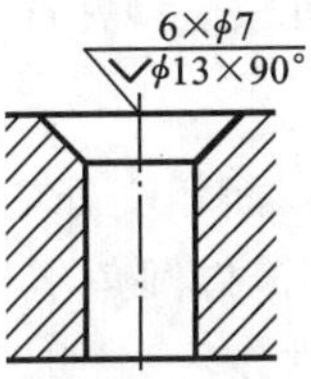 6×φ7 ⌵φ13×90°	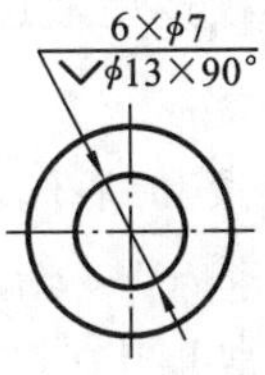 6×φ7 ⌵φ13×90°	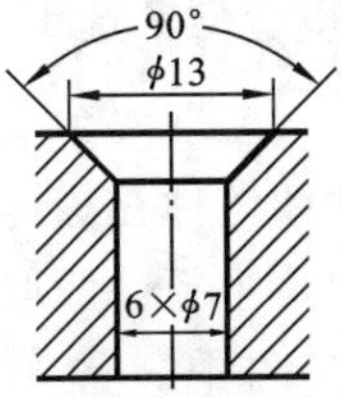 90° φ13 6×φ7	"⌵"为埋孔的符号。锥形孔的直径 φ13 及锥角 90°均需注出
	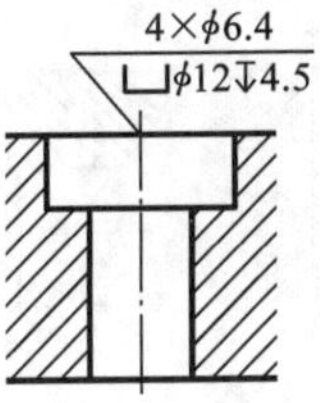 4×φ6.4 ⊔φ12↓4.5	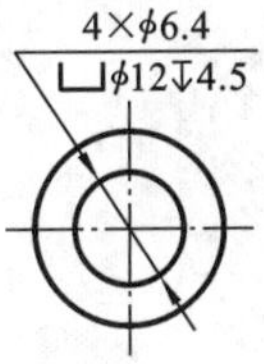 4×φ6.4 ⊔φ12↓4.5	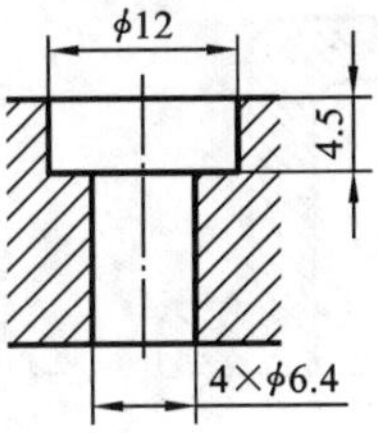 φ12 4.5 4×φ6.4	"⊔"为沉孔及锪平孔的符号
	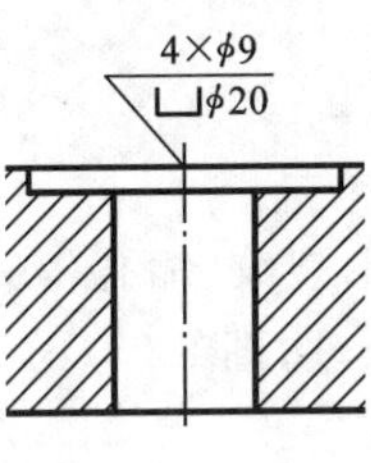 4×φ9 ⊔φ20	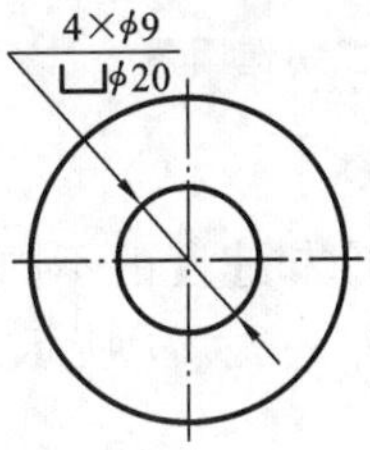 4×φ9 ⊔φ20	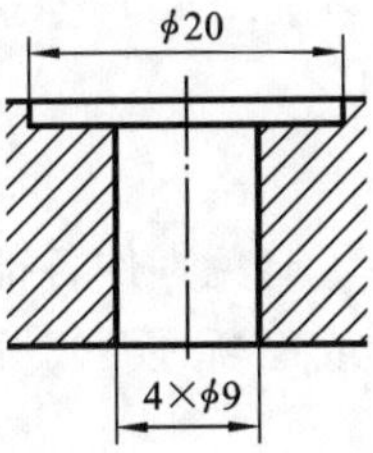 φ20 4×φ9	锪平 φ20 的深度不需标注。一般锪平到不出现毛坯面为止

◀ 任务8.4　零件的工艺结构 ▶

大部分零件都要经过铸造或锻造(热加工)及机械加工(冷加工)等过程制造出来,因此,零件的结构形状不仅要满足设计要求,还要符合冷加工和热加工的工艺要求。常见的工艺结构有铸造工艺结构和机械加工工艺结构。

一、铸造工艺结构

1. 起模斜度

用铸造的方法制造的零件称为铸件,铸造零件毛坯时,为了便于从砂型中起模,铸件的内、外壁沿起模方向应设计有一定的斜度,称为起模斜度,如图 8-15(a)所示。起模斜度在图中一般不画出,也可以不标注,必要时可在技术要求中注明。如图 8-15(b) 、(c)所示。

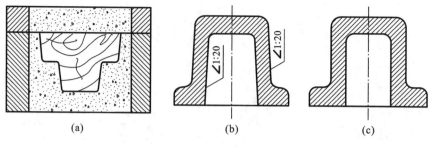

(a)　　　　　　　(b)　　　　　　　(c)

图 8-15　起模斜度

起模斜度大小:木模造型常选 1°～3°;金属模造型常选 1°～2°;机械造型常选 0.5°～1°。

2. 铸造圆角

为了避免砂型落砂和铸件在冷却时产生裂纹和缩孔,在铸件各表面相交处应做成圆角,称为铸造圆角。铸造圆角半径一般取壁厚的 0.2～0.4 倍左右,同一铸件圆角半径的种类尽可能减少。铸造圆角在图中一般不标注,通常集中在技术要求中统一注明。如图 8-16 所示。

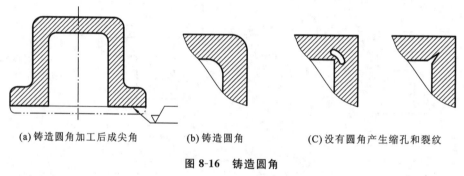

(a)铸造圆角加工后成尖角　　　(b)铸造圆角　　　(C)没有圆角产生缩孔和裂纹

图 8-16　铸造圆角

3. 铸件壁厚

在浇注零件时,为了避免零件各部分因冷却速度的不同而产生裂纹、缩孔等铸造缺陷,铸件壁厚应尽量均匀(或逐渐过渡)。图 8-17(a)、(b) 所示结构合理,图 8-25(c) 所示结构不合理。

(a)壁厚均匀　　　　　(b)逐渐过渡　　　　(c)壁厚不均匀产生缩孔和裂纹

图 8-17　铸件壁厚

4. 过渡线

铸件两个非切削表面相交处一般均做成过渡圆角,所以两表面的交线就变得不明显,这种交线称为过渡线。当过渡线的投影和面的投影重合时,按面的投影绘制;当过渡线的投影不与面的投影重合时,过渡线按其理论交线的投影用细实线绘出,但线的两端要与其他轮廓线断开。

（1）如图 8-18 所示，两外圆柱表面均为非切削表面，相贯线为过渡线。在俯视图和左视图中，过渡线与柱面的投影重合；而在主视图中，相贯线的投影不与任何表面的投影重合，所以，相贯线的两端与轮廓线断开。当两个柱面直径相等时，在相切处也应该断开。

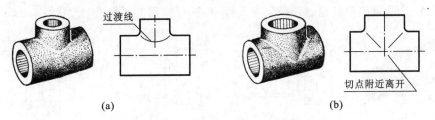

图 8-18　两外圆柱表面过渡线画法

（2）如图 8-19 所示，平面与平面、平面与曲面相交的过渡线的画法。三棱柱肋板的斜面与底板上表面的交线的水平投影不与任何平面重合，所以两端断开。在图 8-19（b）中，圆柱截交线的水平投影按过渡线绘制。

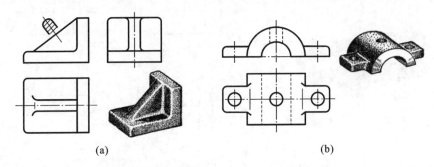

图 8-19　平面与平面、平面与曲面过渡线画法

应特别注意的是两非切削表面的交线，虽然由于铸造圆角的原因变得不明显，形成了过渡线，但若其三面投影均与平面或曲线的投影重合，则不按过渡线绘制。

二、机械加工工艺结构

1. 倒角和倒圆

在机械加工时，为了装配时起导向作用，以及保护装配面不受损伤，把轴或孔的端部加工成的锥面称为倒角。在轴肩处，为了防止应力集中，把轴肩处加工成的圆角称为倒圆。如图 8-20 所示。

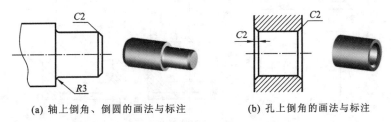

(a) 轴上倒角、倒圆的画法与标注　　　　(b) 孔上倒角的画法与标注

图 8-20　零件的倒角、倒圆

2. 退刀槽和砂轮越程槽

为了在切削加工时不使刀具损坏，便于退刀，并且在装配时能与相邻零件贴紧，常在加

工表面的轴肩处预先加工出一槽,称为退刀槽,如图 8-21(a)所示。退刀槽的画法与标注,如图 8-21(b)、(c)、(d)所示。在磨削加工时,为了使砂轮能稍微越过加工面,在被加工面的末端加工的退刀槽,称为砂轮越程槽,如图 8-22(a)所示。砂轮越程槽的画法与标注,如图 8-22(b)、(c)所示。退刀槽和砂轮越程槽尺寸是标准的,可查阅有关标准。

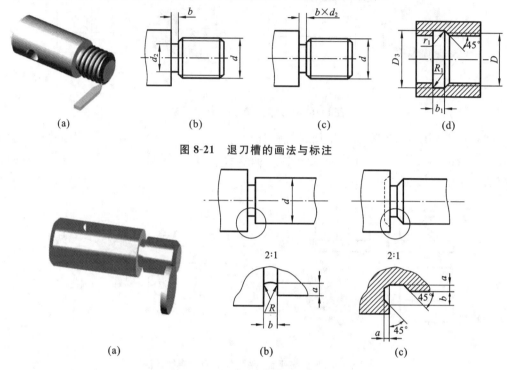

图 8-21　退刀槽的画法与标注

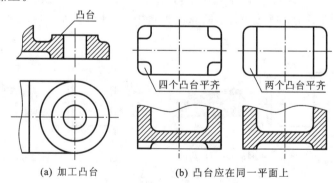

图 8-22　砂轮越程槽的画法与标注

3. 凸台和凹坑

1）凸台

为了保证零件间的良好接触,零件上接触的表面一般都要加工。为了减少加工面积,降低制造成本,通常在铸件上设计出凸台结构,如图 8-23(a)所示。图 8-23(b) 凸台应在同一平面上,以方便加工。

图中标注：凸台、四个凸台平齐、两个凸台平齐

(a) 加工凸台　　(b) 凸台应在同一平面上

图 8-23　平面凸台

2）凹坑

为了减少加工面积,节约加工成本,有时也在零件表面上加工出凹坑(或沉孔)来保证零

件的良好接触。图 8-24(a)所示为螺栓连接中用锪平的方法加工出的沉孔,及其沉孔的尺寸标注。图 8-24(c) 所示为平面上加工凹坑的方法。

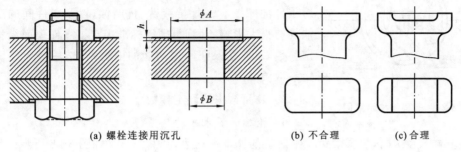

(a) 螺栓连接用沉孔　　　　　(b) 不合理　　(c) 合理

图 8-24　沉孔和凹坑

4. 钻孔结构

用钻头钻盲孔时,在孔的底部有一个 120°的锥角,钻孔深度是圆柱部分的深度(不包括锥坑深度),如图 8-25(a)所示。在钻阶梯孔时,阶梯孔的过渡处,有 120°的锥台,其画法与尺寸标注,如图 8-25(b)所示。

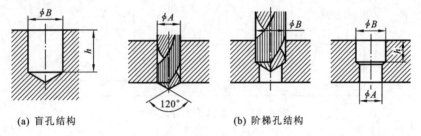

(a) 盲孔结构　　　　　(b) 阶梯孔结构

图 8-25　钻孔结构

用钻头钻孔时,要求钻头轴线垂直于被钻孔的端面,以保证钻孔准确和避免钻头折断,如图 8-26 所示。

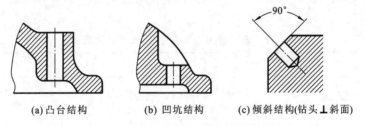

(a) 凸台结构　　　　(b) 凹坑结构　　　(c) 倾斜结构(钻头⊥斜面)

图 8-26　钻孔端面的正确结构

◀ 任务 8.5　零件图的技术要求 ▶

零件图上除了表达零件形状尺寸外,还必须标注和说明制造零件时应达到的一些技术要求,技术要求主要包括表面结构、尺寸公差、形状和位置公差、材料的热处理及表面处理以及其他有关制造零件的要求等。

1. 表面结构概述

表面结构是指零件在加工过程中由于不同的加工方法、机床与刀具的精度、振动及磨损

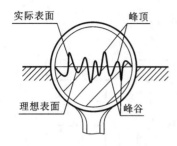

图 8-27　表面结构示意图

等因素在加工表面所形成的具有较小间距和较小峰谷的微观不平状况,它属微观几何误差,如图 8-27 所示。表面结构对零件的摩擦、磨损、抗疲劳、抗腐蚀,以及零件间的配合性能等有很大影响。因此,国家标准规定了零件表面结构的评定参数,以便在保证使用功能的前提下,选用较为经济的评定参数值。

2. 表面结构的评定参数

1）轮廓的算术平均偏差（Ra）

在取样长度 l 内,轮廓偏距 y 绝对值的算术平均值,其几何意义如图 8-28 所示。

$$Ra = \frac{1}{l}\int_0^l |y(x)| \, \mathrm{d}x \approx \frac{1}{m}\sum_{i=1}^n y_i$$

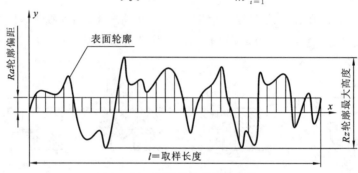

图 8-28　表面结构的评定参数

2）轮廓的最大高度 Rz

在取样长度内,轮廓峰顶线与轮廓谷底线之间的距离。

3. 表面结构的符号、代号

国家标准 GB/T 1031—2006 规定,表面结构代号是由规定的符号和有关参数值组成,如表 8-2 所示。

表 8-2　表面结构的基本符号、代号及其意义

	符号与代号	意　义
符号	✓（基本符号）	基本符号,表示表面可用任何方法获得。当不加注表面结构参数值或有关说明时,仅适用于简化代号标注
	✓（去除材料）	表示表面是用去除材料的方法获得,如车、铣、钻、磨、剪切、抛光、腐蚀、电火花加工、气割等
	✓（不去除材料）	表示表面是用不去除材料的方法获得,如锻、铸、冲压等。或者是用于保持原供应状况的表面（包括保持上道工序的状况）
	√￣ ∨￣ ∨￣	在上述三个符号的长边上均可加一横线,用于标注有关参数和说明
	√○ ∨○ ∨○	在上述三个符号上均可加一小圆,表示所有表面具有相同的表面结构要求

符号与代号	意　义
代号	$\sqrt{Ra3.2}$	用任何方法获得的表面,Ra 的上限值为 3.2 μm
	$\sqrt{\begin{matrix}Ra\ 3.2\\1.6\end{matrix}}$	用去除材料的方法获得的表面,Ra 的上限值为 3.2 μm,下限值为 1.6 μm
	$Rz3.2$	用任何方法获得的表面,Rz 的上限值为 3.2 μm
	3.2max 1.6min	用去除材料的方法获得的表面,Ra 的最大值为 3.2 μm,最小值为 1.6 μm
	铣 3.2	用去除材料的方法获得的表面,Ra 的上限值为 3.2 μm,加工方法为铣削

说明:表面结构参数的单位是 μm。注写 Ra、Rz 时,应同时注出 Ra、Rz 和数值。只注一个值时,表示为上限值;注两个值时,表示为上限值和下限值。

① 当标注上限值或上限值与下限值时,允许实测值中有 16% 的测值超差。

② 当不允许任何实测值超差时,应在参数值的右侧加注 max 或同时标注 max 和 min。

4. 表面结构 Ra 的数值与加工方法的关系

表面结构 Ra 的数值与加工方法的关系如表 8-3 所示。

表 8-3　常用的表面结构 Ra 的数值与加工方法

表面特征		表面结构 Ra 值	加 工 方 法	适 用 范 围
加工面	粗加工面	100 50 25	粗车、粗刨、粗铣、钻孔、锉、镗	非接触表面
	半光面	12.5 6.3 3.2	精车、精铣、精刨、精镗、粗磨、扩孔、粗铰、细锉	接触表面和不太精确定位的配合表面
	光面	1.6 0.8 0.4	精车、精磨、抛光、绞、刮、研	要求精确定位的重要配合表面
	最光面	0.2 0.1 0.05	精抛光、研磨、超精磨、镜面磨	高精度、高速运动零件的配合表面等
毛坯面			铸、锻、轧 等,经表面清理	无须进行加工的表面

5. 表面结构代号的画法

表面结构代号的画法,如图 8-29、图 8-30 所示。

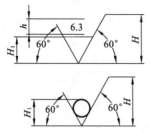

图 8-29　表面结构代号及符号的比例

$H1=1.4h, H=2.1h, h$ 是图上尺寸数字高，
圆为正方形的内切圆。

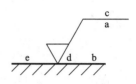

图 8-30　表面结构的数值及有关规定的注写

a——表面结构参数的上限值和下限值(μm)

b——加工要求、镀覆、涂覆、表面处理和其他说明等

c——取样长度(mm)或波纹度(mm)

d——加工纹理方向符号

e——加工余量(mm)

6. 表面结构的标注原则及其示例

在同一图样上每一表面只注一次结构代号，且应注在可见轮廓线、尺寸界线、引出线或它们的延长线上，并尽可能靠近有关尺寸线。符号的尖端必须从材料外指向表面。代号中的数字方向应与图中尺寸数字方向一致。当零件的大部分表面具有相同的结构要求时，对其中使用最多的一种代(符)号，可统一注在图纸的右上角，并加注"($\vee$)"。标注示例如表8-4 表面结构标注示例。

表 8-4　表面结构标注示例

图　　例	说　　明
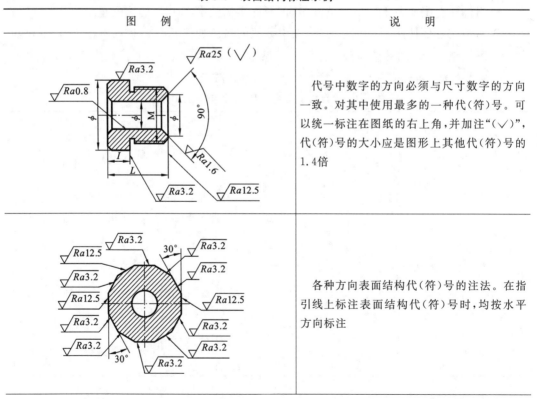	代号中数字的方向必须与尺寸数字的方向一致。对其中使用最多的一种代(符)号。可以统一标注在图纸的右上角，并加注"($\vee$)"，代(符)号的大小应是图形上其他代(符)号的1.4倍
	各种方向表面结构代(符)号的注法。在指引线上标注表面结构代(符)号时，均按水平方向标注

续表

图 例	说 明
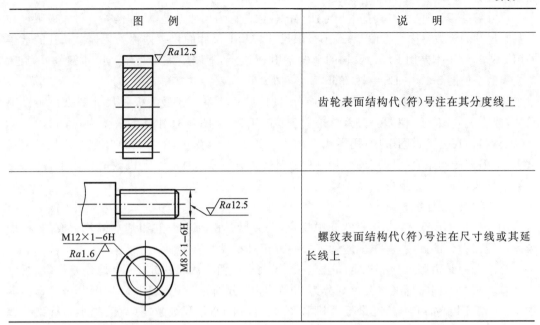	齿轮表面结构代(符)号注在其分度线上
	螺纹表面结构代(符)号注在尺寸线或其延长线上

7. 表面结构的选择

选择表面结构时,既要考虑零件表面的功能要求,又要考虑经济性,还要考虑现有的加工设备。一般应遵从以下原则。

(1) 同一零件上,工作表面比非工作表面的参数值要小。

(2) 摩擦表面要比非摩擦表面的参数值小。有相对运动的工作表面,运动速度越高,其参数值越小。

(3) 配合精度越高,参数值越小。间隙配合比过盈配合的参数值小。

(4) 配合性质相同时,零件尺寸越小,参数值越小。

(5) 要求密封、耐腐蚀或具有装饰性的表面,参数值要小。

二、极限与配合

1. 极限与配合的概念

1) 互换性

一批相同规格的零件在装配前不经过挑选,在装配过程中不经过修配,在装配后即可满足设计和使用性能要求,零件的这种在尺寸与功能上可以互相代替的性质,称为互换性。极限与配合是保证零件具有互换性的重要标准。

2) 基本术语

下面结合图 8-31,介绍相关基本术语。

基本尺寸:设计时给定的尺寸,如 $\phi50$。

实际尺寸:通过测量获得的尺寸。

极限尺寸:允许尺寸变化的极限值。加工尺寸的最大允许值称为最大极限尺寸,最小允许值称为最小极限尺寸。如图 8-31 中 $\phi50.065$ 为孔的最大

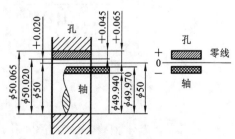

图 8-31 术语及公差带图解

极限尺寸，$\phi50.020$ 为孔的最小极限尺寸。

尺寸偏差：某一尺寸减其基本尺寸所得的代数差称为尺寸偏差，简称偏差。最大极限尺寸与基本尺寸的代数差称为上偏差；最小极限尺寸与基本尺寸的代数差称为下偏差。孔的上偏差用 ES 表示，下偏差用 EI 表示；轴的上偏差用 es 表示，下偏差用 ei 表示。尺寸偏差可为正、负或零值。如图 8-31 中 ES＝+0.065，EI＝+0.020。

尺寸公差（简称公差）：允许尺寸的变动量。尺寸公差等于最大极限尺寸减去最小极限尺寸，或上偏差减去下偏差。公差总是大于零的正数，如图 8-31 中孔的公差为 0.045。

公差带：在公差带图解中，用零线表示基本尺寸，上方为正，下方为负。公差带是指由代表上、下偏差的两条直线限定的区域，如图 8-31 所示，图中的矩形上边数值代表上偏差，下边数值代表下偏差，矩形的长度无实际意义，高度代表公差。

3）标准公差与基本偏差

国家标准 GB/T 1800.2—2009 中规定，公差带是由标准公差和基本偏差组成的，标准公差决定公差带的高度，基本偏差确定公差带相对零线的位置。

标准公差是由国家标准规定的公差值，其大小由两个因素决定，一个是公差等级，另一个是基本尺寸。国家标准将公差划分为 20 个等级，分别为 IT01、IT0、IT1、IT2、…、IT18，其中 IT01 精度最高，IT18 精度最低。基本尺寸相同时，公差等级越高（数值越小），标准公差越小；公差等级相同时，基本尺寸越大，标准公差越大。

基本偏差是用以确定公差带相对于零线位置的那个极限偏差，一般为靠近零线的那个偏差，如图 8-32 所示。当公差带在零线上方时，基本偏差为下偏差；当公差带在零线下方时，基本偏差为上偏差；当零线穿过公差带时，离零线近的偏差为基本偏差；当公差带关于零线对称时，基本偏差为上偏差，或下偏差，如 JS(js)。基本偏差有正号和负号。

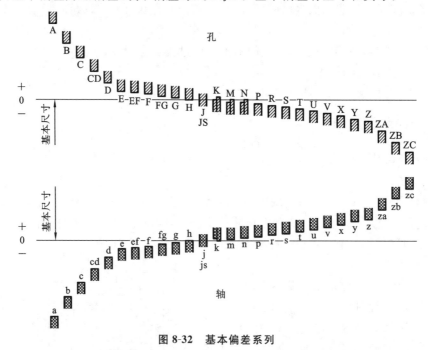

图 8-32　基本偏差系列

孔和轴的基本偏差代号各有 28 种，用字母或字母组合表示，孔的基本偏差代号用大写字母表示，轴用小写字母表示，如图 8-32 所示。需要注意的是，基本尺寸相同的轴和孔若基本偏差代号相同,则基本偏差值一般情况下互为相反数。此外,在图 8-32 中,公差带不封口,这是因为基本偏差只决定公差带位置的原因。一个公差带的代号,由表示公差带位置的基本偏差代号和表示公差带大小的公差等级和基本尺寸组成。如 $\phi50H8$,$\phi50$ 是基本尺寸,H 是基本偏差代号,大写表示孔,公差等级为 IT8。

4)配合类别

基本尺寸相同时,相互结合的轴和孔公差带之间的关系称为配合。按配合性质不同,配合可分为间隙配合、过盈配合和过渡配合三类,如图 8-33(a)、(b)、(c)所示。

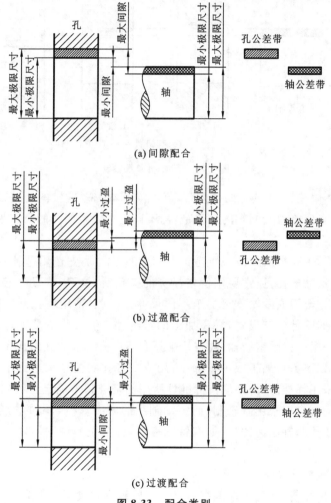

图 8-33 配合类别

间隙配合:具有间隙(包括最小间隙等于零)的配合,孔的公差带在轴的公差带上方。

过盈配合:具有过盈(包括最小过盈等于零)的配合,孔的公差带在轴的公差带下方。

过渡配合:可能具有间隙或过盈的配合,轴和孔的公差带相互交叠。

5)配合制

采用配合制是为了使基本偏差为一定的基准件的公差带与配合件相配时,只需改变配合件的不同基本偏差的公差带,便可获得不同松紧程度的配合,从而达到减少零件加工的定值刀具和量具的规格数量。国家标准规定了两种配合制,即基孔制和基轴制,如图 8-34(a)、(b)所示。

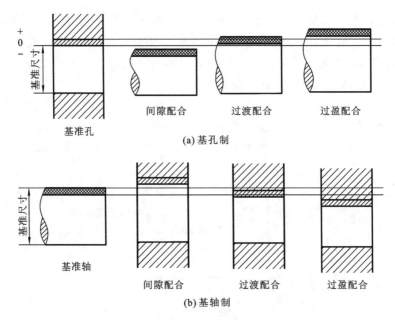

图 8-34 基孔制和基轴制

基孔制是基本偏差为 H 的孔的公差带,与不同基本偏差的轴的公差带形成各种配合的制度;基轴制是基本偏差为 h 的轴的公差带,与不同基本偏差的孔的公差带形成各种配合的制度。

基准制的选择,主要是从经济观点考虑,一般情况下,优先选用基孔制配合。因为从工艺上看,加工中等尺寸的孔,通常要用价格昂贵的扩孔钻、绞刀、拉刀等定值(不可调)刀具,而加工轴,则用一把车刀或砂轮就可加工不同尺寸。因此,采用基孔制可以减少定值刀具、量具的品种和数量,降低生产成本,提高加工的经济性。但有些情况下,选用基轴制配合会更好些。如使用一根冷拔圆钢做轴,轴与几个具有不同公差带的孔组成不同的配合,此时采用基轴制,轴就可以不另行加工或少量加工,用改变各孔的公差来达到不同的配合,显然比较经济合理。在采用标准件时,则应按标准件所用的基准制来确定。例如,滚动轴承外圈直径与轴承座孔处的配合应采用基轴制,而滚动轴承的内圈直径与轴的配合则为基孔制。键与键槽的配合也采用基轴制。此外,如有特殊需要,标准也允许采用任一孔、轴公差带组成的配合,如 F5/g7。

6) 常用配合和优先配合

标准公差有 20 个等级,基本偏差有 28 种,可以组成大量配合。为了更好地发挥标准的作用,方便生产,国家标准将孔、轴公差带分为优先、常用和一般用途公差带,并由孔、轴的优先和常用公差带分别组成基孔制和基轴制的优先配合和常用配合。基孔制常用配合共 59 种,其中优先配合 13 种。基轴制常用配合共 47 种,其中优先配合 13 种。优先配合如表 8-5 所示,常用配合需查阅相关手册。

2. 极限与配合的标注

(1) 极限与配合在零件图中的线性尺寸的公差有三种标注形式:一是只标注上、下偏差;二是只标注公差带代号;三是既标注公差带代号,又标注上、下偏差,但偏差值用括号括起来,如图 8-35 所示。

表 8-5　优先配合

配合类别	基孔制优先配合	基轴制优先配合
间隙配合	$\dfrac{H7}{g6}$、$\dfrac{H7}{h6}$、$\dfrac{H8}{f7}$、$\dfrac{H8}{h7}$、$\dfrac{H9}{d9}$、$\dfrac{H9}{h9}$、$\dfrac{H11}{c11}$、$\dfrac{H11}{h11}$	$\dfrac{G7}{h6}$、$\dfrac{H7}{h6}$、$\dfrac{F8}{h7}$、$\dfrac{H8}{h7}$、$\dfrac{D9}{h9}$、$\dfrac{H9}{h9}$、$\dfrac{C11}{h11}$、$\dfrac{H11}{h11}$
过渡配合	$\dfrac{H7}{k6}$、$\dfrac{H7}{n6}$	$\dfrac{K7}{h6}$、$\dfrac{N7}{h6}$
过盈配合	$\dfrac{H7}{p6}$、$\dfrac{H7}{s6}$、$\dfrac{H7}{u6}$	$\dfrac{P7}{h6}$、$\dfrac{S7}{h6}$、$\dfrac{U7}{h6}$

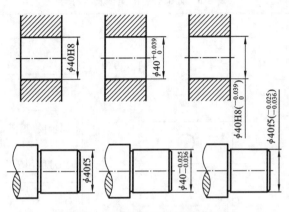

图 8-35　零件图中尺寸公差的标注

（2）极限与配合在装配图中的标注一般只标注配合代号。配合代号用分数形式表示，分子为孔的公差带代号，分母为轴的公差带代号。对与轴承等标准件相配合的孔或轴，则只标注非基准件（配合件）的公差带符号。如轴承内圈孔与轴的配合，只标注轴的公差带代号，如图8-36（a）所示；外圈的外圆与箱体孔的配合，只标注箱体孔的公差带代号，如图 8-36（b）所示。

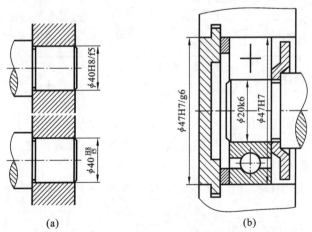

图 8-36　装配图中尺寸公差的标注

三、几何公差

几何公差的术语、定义、代号及其标注详见有关的国家标准，本书仅作简要介绍。

1. 几何公差的类型及其符号

几何公差分为形状公差、方向公差、位置公差和跳动公差四类。各种零件尽管几何特性不同,但都是由称为几何要素的点、线、面构成的。几何公差的研究对象就是零件的几何要素之间的形状、位置精度问题。

在技术图样中,几何公差采用代号标注,当无法采用代号时,允许在技术要求中用文字说明。几何公差代号由几何公差符号、框格、公差值、指引线、基准代号和其他有关符号组成。几何公差的类型及其符号如表 8-6 所示。

表 8-6　几何公差的类型及其符号

类型	项目	符号	类型	项目	符号
形状公差	直线度	—	方向公差	线轮廓度	⌒
	平面度	▱		面轮廓度	⌓
	圆度	○	位置公差	同轴度(用于轴线)	◎
	圆柱度	⌀		同心度(用于中心点)	◎
	线轮廓度	⌒		对称度	≡
	面轮廓度	⌓		位置度	⊕
方向公差	平行度	//		线轮廓度	⌒
	垂直度	⊥		面轮廓度	⌓
	倾斜度	∠	跳动公差	圆跳动	↗
				全跳动	⌰

2. 几何公差的标注方法

1) 公差框格

几何公差的框格及基准代号画法如图 8-37 所示。指引线的箭头指向被测要素的表面或其延长线,箭头方向一般为公差带的方向。框格中的字符高度与尺寸数字的高度相同。基准中的字母一律水平书写。

对同一个要素有一个以上的公差特征项目要求时,可将一个框格放在另一个框格的下面,如图 8-38 所示。

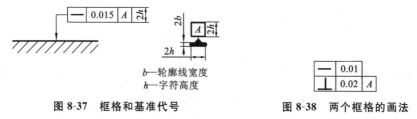

b—轮廓线宽度
h—字符高度

图 8-37　框格和基准代号　　　　图 8-38　两个框格的画法

2) 被测要素的标注

被测要素的标注用带箭头的指引线将框格与被测要素相连,按以下方式标注。

(1) 当公差涉及轮廓线或表面时,将箭头置于要素的轮廓线或轮廓线的延长线上(但必须与尺寸线明显地分开),如图 8-39 所示。

(2) 当指向实际表面时,箭头可置于带点的参考线上,该点指在实际表面上,如图 8-40 所示。

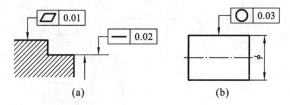

图 8-39　被测要素是轮廓线或表面

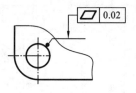

图 8-40　指向实际表面

(3) 当公差涉及轴线、中心平面或由尺寸要素确定的点时,则带箭头的指引线应与尺寸线的延长线重合,如图 8-41 所示。

(4) 当有一个以上要素作为被测要素时,如 6 个要素,应在框格上方注明,如图 8-42 所示。

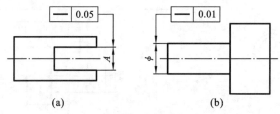

图 8-41　被测要素为中心平面、轴线

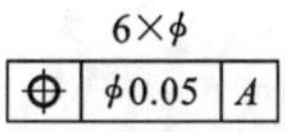

图 8-42　相同多个被测要素的注法

3) 基准要素的标注

(1) 当基准是轮廓线或表面时,基准字母的短横线的外轮廓线上或它的延长线上(但应与尺寸线明显错开),基准符号还可置于用圆点指向实际表面的参考线上,如图 8-43 所示。

(2) 当基准要素是轴线或中心平面或由带尺寸的要素确定的点时,则基准符号中的线与尺寸线对齐。如尺寸线处安排不下两个箭头,则另一箭头可用短横线代替,如图 8-44 所示。

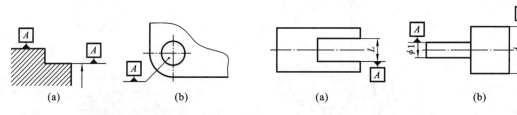

图 8-43　基准要素是轮廓线或表面

图 8-44　测要素是中心平面、轴线

3. 几何公差的公差带定义和标注示例

常用的几何公差的公差带定义和标注,如表 8-7 所示。

表 8-7　几何公差的标注与公差带定义

分类	项目	公差带定义	标注示例
形状公差	直线度	$\phi 0.015$	$\boxed{—\ \|\ \phi 0.015}$　ϕd
	平面度	0.020	$\boxed{\diamondslash\ \|\ 0.020}$
	圆度	0.015	$\boxed{\bigcirc\ \|\ 0.015}$
	圆柱度	0.018	$\boxed{\ \|\ 0.018}$　ϕd
	线轮廓度	0.04　$\phi 0.04$	$\boxed{\ \|\ 0.04}$　$R10$　24 ± 0.1　$R25$　22　58
	面轮廓度	$S\phi 0.05$　0.05	$\boxed{\ \|\ 0.05\ \|\ A}$　20　$R25$　A
方向公差	平行度	0.020　基准平面	$\boxed{//\ \|\ 0.020\ \|\ A}$　A

续表

分类	项目	公差带定义	标注示例
方向公差	垂直度	基准平面 φ0.015	⊥ | φ0.015 | A
	倾斜度	55° 0.10	∠ | 0.10 | A—B
位置公差	同轴度	φ0.015 基准轴线	◎ | φ0.015 | A
	对称度	0.025 基准平面	═ | 0.025 | A
	位置度	φ0.3 A基准 H L B基准	⊕ | φ0.3 | A—B
跳动公差	圆跳动	基准轴线 测量平面 0.030	↗ | 0.030 | A—B
	全跳动	0.018	↗↗ | 0.018 | A—B

◀ 任务8.6 读零件图 ▶

一、读零件图的要求

正确、熟练地读懂零件图是工程技术人员必须具备的素质之一。读零件图的要求就是要根据已有的零件图，了解零件的名称、用途、材料、比例等，并通过分析图形、尺寸、技术要求，想象出零件各部分的结构、形状、大小和相对位置，了解设计意图和加工方法。

二、读零件图的方法与步骤

1. 概括了解

从标题栏了解零件的名称、材料、比例等内容。根据名称判断零件属于哪一类零件，根据材料可大致了解零件的加工方法，根据绘图比例可估计零件的大小。必要时，可对照机器、部件实物或装配图了解该零件的装配关系等，从而对零件有初步的了解。

2. 分析视图间的联系和零件的结构形状

分析各零件各视图的配置情况以及各零件相互之间的投影关系，运用形体分析法和线面分析法读懂零件各部分结构，想象出零件的形状。看懂零件的结构和形状是读零件图的重点，前面已讲过的组合体的读图方法和剖视图的读图方法同样适用于读零件图。读图的一般顺序是：先整体，后局部；先主体结构，后局部结构；先读懂简单部分，再分析复杂部分。读图时，应注意是否有规定画法和简化画法。

3. 分析尺寸和技术要求

分析尺寸时，首先要弄清长、宽、高三个方向的尺寸基准，从基准出发查找各部分的定形尺寸、定位尺寸。必要时，联系机器或部件与该零件有关的零件一起进行分析，深入理解尺寸之间的关系并分析尺寸的加工精度要求，以及尺寸公差、形位公差和表面结构的图形符号等技术要求。

4. 综合归纳

零件图表达了零件的结构形式、尺寸及精度要求等内容，它们之间是相互关联的。初学者在读图时，首先要做到：正确地分析表达方案，运用形体分析法分析零件的结构、形状和尺寸，全面了解技术要求，正确理解设计意图，从而达到读懂零件图的目的。

三、读零件图举例

如图8-45所示，下面以球阀中的主要零件（阀杆、阀盖和阀体）为例，说明读零件图的方法和步骤，最后的综合归纳，请读者自行思考。

1. 阀杆

1）概括了解

从标题栏可知，阀杆按1∶1绘制，与实物大小一致。材料为40Cr（合金结构钢）。由图8-46中可以看出，阀杆由回转体经切削加工而成，为轴套类零件。阀杆上部是由圆柱经切割形成的四棱柱，与扳手上的四方孔配合；阀杆下部的凸榫与阀芯上部的凹槽配合。阀杆的作用是通过扳手使阀芯转动，以开启或关闭球阀和控制流量。

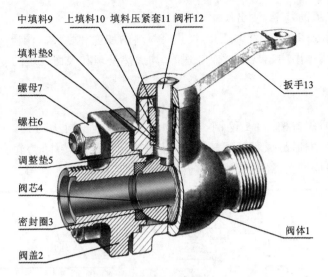

图 8-45 球阀

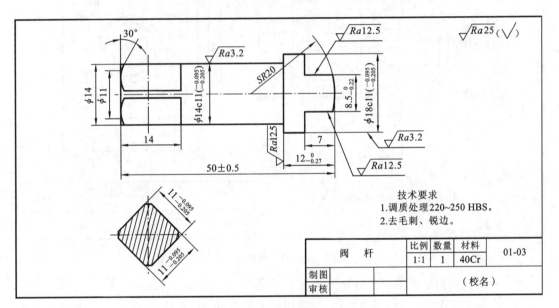

图 8-46 阀杆

2) 分析视图间的联系和零件的结构形状

阀杆零件图采用了一个基本视图和一个断面图表达,主视图按加工位置将阀杆水平放置,左端的四棱柱采用移出断面图表达。

3) 分析尺寸和技术要求

阀杆以水平轴线作为径向尺寸基准,同时也是高度和宽度方向的尺寸基准。由此注出径向各部分尺寸 $\phi14$、$\phi11$、$\phi14c11(^{-0.095}_{-0.205})$、$\phi18c11(^{-0.095}_{-0.205})$。凡是尺寸数字后面注写公差代号或偏差值,说明零件该部分与其他零件有配合关系。如 $\phi14c11(^{-0.095}_{-0.205})$、$\phi18c11(^{-0.095}_{-0.205})$ 分别与球阀中的填料压紧套和阀体有配合关系,其表面结构的图形符号要求较严,Ra 值为 $3.2~\mu m$。

选择表面粗糙度为 $Ra12.5$ 的端面作为阀杆的轴向尺寸基准,也是长度方向的尺寸基准,由此注出尺寸 $12^{0}_{-0.27}$,以右端面作为轴向的第一辅助基准,注出尺寸 7、50 ± 0.5,以左端面作为轴向的第二辅助基准,注出尺寸14。

阀杆经过调质处理220～250 HBS,以提高材料的韧度和强度。调质、HBS(布氏硬度),以及后面的阀盖、阀体图中出现的时效处理等,均属热处理和表面处理的专用名词。

2. 阀盖

1)概括了解

从标题栏可知,阀盖按1∶1绘制,与实物大小一致。材料为铸钢230-450。由图8-47中可以看出,阀盖的方形凸缘不是回转体,但其他部分都是回转体,为轮盘类零件。阀盖的制造过程是先铸造成毛坯,经时效处理后进行切削加工而成。

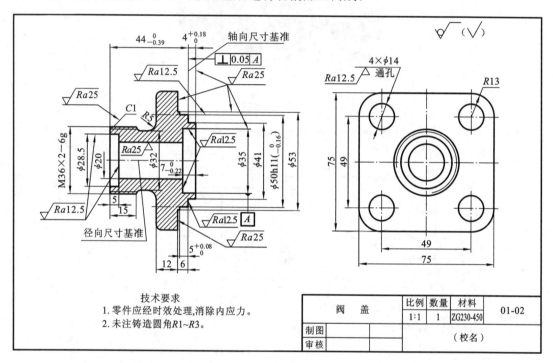

图 8-47 阀盖

2)分析视图间的联系和零件的结构形状

阀盖零件图采用了两个基本视图,主视图按加工位置将阀盖水平放置,符合加工位置和在装配图中的工作位置。主视图采用全剖视,表达了阀盖左右两端的阶梯孔和中间通孔的形状及其相对位置,同时,表达了右端的圆形凸缘和左端的外螺纹。左视图用外形视图清晰地表达了带圆角的方形凸缘、四个通孔的形状和位置及其他的可见轮廓形状外形。

3)分析尺寸和技术要求

阀盖以轴线作为径向尺寸基准,由此分别注出阀盖各部分同轴线的直径尺寸 $\phi 28.5$、$\phi 20$、$\phi 35$、$\phi 41$、$\phi 50h11(_{-0.16}^{0})$ 和 $\phi 53$,以该轴线为基准还可注出左端外螺纹的尺寸 $M36\times2-6g$。以该零件的上下、前后对称平面为基准分别注出方形凸缘高度方向和宽度方向的尺寸75,以及四个通孔的定位尺寸49。

以阀盖的重要端面作为轴向尺寸基准,即长度方向的尺寸基准。主视图右端凸缘端面注有 Ra 值为 $12.5\ \mu m$ 的表面粗糙度,由此注出 $4_{0}^{+0.18}$、$44_{-0.39}^{0}$、$5_{0}^{+0.08}$、6 等尺寸。其他尺寸请读者自行分析。

阀盖是铸件,需进行时效处理,以消除内应力。铸造圆角 $R1 \sim R3$ 表示不加工的过渡圆角。注有公差代号和偏差值的 $\phi50h11({}_{-0.16}^{\ 0})$,说明该零件与与阀体左端的孔 $\phi50H11({}_{\ 0}^{+0.16})$ 配合,如图 8-48 所示。由于该两表面之间没有相对运动,所以表面粗糙度要求不严,Ra 值为 $12.5\ \mu\mathrm{m}$。长度方向的主要基准面与轴线的垂直度公差为 $0.05\ \mathrm{mm}$。

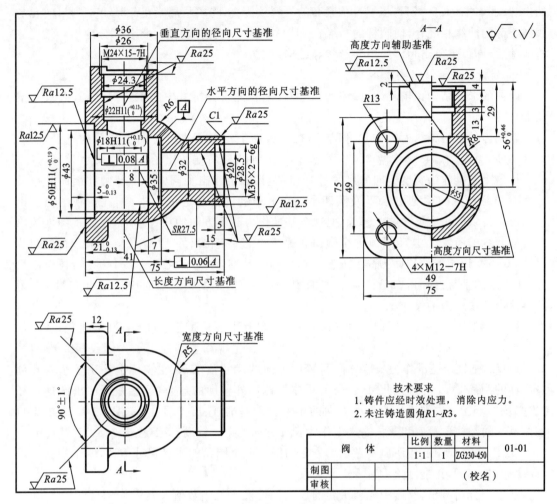

图 8-48 阀体

3. 阀体

1)概括了解

从图 8-48 中标题栏可知,阀体按 1:1 绘制,与实物大小一致,材料为铸钢。因阀体的毛坯为铸件,内、外表面都有一部分需要进行切削加工,因而加工前需要进行时效处理。阀体是球阀中的一个主要零件,其内部空腔是互相垂直的组合回转面,在阀体内部将容纳密封圈、阀芯、调整垫、螺杆、螺母、填料垫、中填料、上填料、填料压紧套、阀杆等零件,属于箱体类零件。

2)分析视图间的联系和零件的结构形状

由球阀的轴测装配图可知,阀体左端通过螺柱和螺母与阀盖连接,形成球阀容纳阀芯的 $\phi43$ 空腔。左端 $\phi50H11({}_{\ 0}^{+0.16})$ 圆柱形凹槽与阀盖上 $\phi50h11({}_{-0.16}^{\ 0})$ 的圆柱形凸缘相配合。阀体空腔右侧 $\phi35$ 圆柱形槽用来放置密封圈,以保证在球阀关闭时不泄露流体。阀体右端作有用于连接管道系统的外螺纹 M36×2—6g；内部有阶梯孔 ϕ28.5、ϕ20 与空腔相通。阀体上部 ϕ36 的圆柱体中，有 ϕ26、ϕ22H11($^{+0.13}_{0}$) 和 ϕ18H11($^{+0.11}_{0}$) 的阶梯孔，与空腔相通。在阶梯孔内容纳阀杆、填料压紧套、填料等。阶梯孔的顶端有一个 90°扇形限位块（将三个视图对照起来可看清楚），用来控制扳手和阀杆的旋转角度。在 ϕ22H11($^{+0.13}_{0}$) 的上端作出具有退刀槽的内螺纹 M24×1.5—7H，与填料压紧套的外螺纹旋合，将填料压紧。ϕ18H11($^{+0.11}_{0}$) 的孔与阀杆下部的凸缘相配合，使阀杆的凸缘在 ϕ18H11($^{+0.11}_{0}$) 孔内转动。将各部分的形状结构分析清楚后，即可想象出阀体的内外形状和结构。

3）分析尺寸和技术要求

阀体的形状结构比较复杂，标注的尺寸较多，在此仅分析其中的重要尺寸，其余尺寸请读者自行分析。

以阀体的水平轴线为径向尺寸基准，在主视图上注出了水平方向上各孔的直径尺寸，如：ϕ50H11($^{+0.19}_{0}$)、ϕ43、ϕ35、ϕ32、ϕ20、ϕ28.5 等；在主视图右端注出了外螺纹尺寸 M36×2—6g。把这个基准作为宽度方向的尺寸基准，在左视图上注出了阀体中下部圆柱面的外形尺寸 ϕ55，方形凸缘的宽度尺寸 75 及其四个圆角和螺孔的前后定位尺寸 49，在俯视图上注出了扇形限位块的角度尺寸 90°±1°。把这个基准作为高度方向的尺寸基准，在左视图上注出了方形凸缘的高度尺寸 75 及其四个圆角和螺孔的上下定位尺寸 49，扇形限位块顶面的定位尺寸 56$^{+0.46}_{0}$，以限位块顶面为高度方向的第一辅助基准，注出有关尺寸 2、4 和 29，再以由尺寸 29 确定的垂直台阶孔 ϕ22H11($^{+0.13}_{0}$) 的槽底为高度方向的第二辅助基准，注出尺寸 13，由此再注出螺纹退刀槽尺寸 3。

以阀体的铅直轴线为径向尺寸基准，在主视图上注出了垂直方向上各孔的直径尺寸，如 ϕ36、ϕ26、ϕ24.3、ϕ22H11($^{+0.13}_{0}$)、ϕ18H11($^{+0.13}_{0}$) 等；在主视图上端注出了内螺纹尺寸 M24×1.5—7H。把这个基准作为长度方向和宽度方向的尺寸基准，在主视图上注出了垂直孔到左端面的距离 21$^{0}_{-0.13}$；注出尺寸 8，表示阀体的球形外轮廓的球心位置，并标注出圆球半径尺寸 SR27.5。将左端面作为长度方向的第一辅助基准，注出了尺寸 12、41 和 75。再以 41 右侧 ϕ35 的圆柱形槽底和阀体右端面作为长度方向的第二辅助基准，注出 7、5、15 等尺寸。

此外，在左视图上还注出了左端面方形凸缘上四个圆角的半径尺寸 R13，四个螺孔的尺寸 4×M12—7H，铸造圆角 R8。

从以上分析看出，阀体中比较重要的尺寸都标注了偏差数值。其中 ϕ18H11($^{+0.13}_{0}$) 孔与阀杆上 ϕ18c11($^{-0.095}_{-0.205}$) 配合要求较高，注有 Ra 值为 6.3 μm 的表面粗糙度。ϕ22H11($^{+0.13}_{0}$) 槽底与填料之间装有填料垫，不产生配合，表面粗糙度要求不严，注有 Ra 值为 12.5 μm 的表面粗糙度。零件上不太重要的加工表面的 Ra 值为 25 μm。

主视图中对于阀体的形位公差要求是：空腔 ϕ35 槽的右端面相对 ϕ35 圆柱槽轴线的垂直度公差为 0.06 mm；ϕ18H11($^{+0.13}_{0}$) 圆柱孔轴线相对 ϕ35 圆柱槽轴线的垂直度公差为 0.08 mm。

在图中还用文字补充说明了有关热处理和未注圆角 R1~R3 的技术要求。

拓展与练习

一、读图并抄画零件图

1. 心轴画法练习。

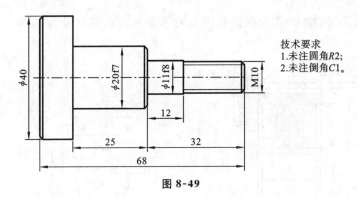

图 8-49

2. 识读图 8-50 所示传动轴零件图,看懂其结构形状、尺寸大小、加工要求等,按照 1∶1 的比例抄画该零件图,图框自定。

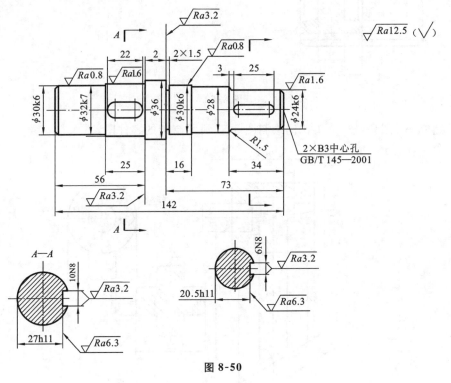

图 8-50

3. 以 1∶1 的比例抄画图 8-51 所示套筒零件图。

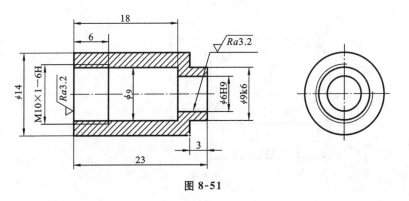

图 8-51

4. 建立 A4 图幅,按 1∶1 比例绘制图 8-52 所示齿轮的零件图。

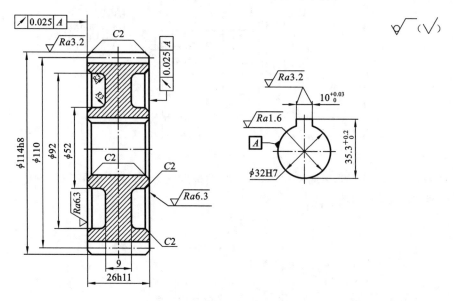

图 8-52

5. 建立 A4 图幅,按 1∶1 比例绘制图 8-53 所示支架的零件图。

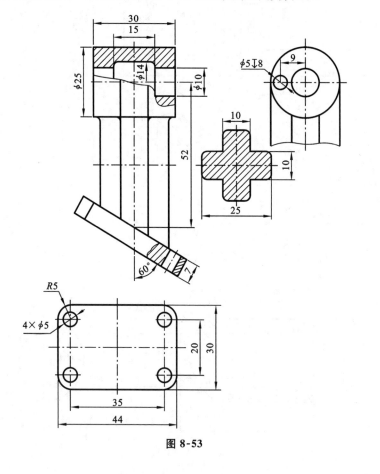

图 8-53

二、判断题

1. 表面粗糙度代(符)号可注在可见轮廓线、尺寸界线或它们的延长线上。　　（　　）

2. 当零件所有表面具有相同的表面粗糙度要求时,必须逐一单个注出其代(符)号。

　　（　　）

3. 图样上所标注的表面粗糙度代(符)号,是该表面完工后的要求。　　（　　）

4. 极限偏差数值可以为正值、负值或零。　　（　　）

5. 公差数值可以为正值、负值或零。　　（　　）

6. 在图样中直接标注极限偏差数值时,可以 mm 为单位,也可以 μm 为单位。　　（　　）

7. 在标注几何公差时,带箭头的指引线必须与相应尺寸线延长线明显错开。　　（　　）

8. 在标注位置公差时,基准符号方格中的字母可以水平书写也可以倾斜书写。　（　　）

9. 视图选择要求正确、完全、确定、清晰和合理。　　（　　）

10. 设计基准就是工艺基准。　　（　　）

项目 9

装配图

知识目标

（1）了解装配图的作用与内容。

（2）了解装配图的尺寸标注和技术要求。

（3）掌握装配图的规定画法和特殊画法。

（4）掌握读装配图的方法和步骤。

能力目标

（1）能读懂装配图并由装配图拆画出零件图。

（2）能正确标注装配图的尺寸及填写明细栏。

（3）能绘制简单的装配图。

思政目标

（1）培养学生追求卓越、勇于拼搏的奋斗精神。

（2）增强学生的团队精神、协作能力和集体荣誉感。

（3）树立将理论知识应用于实践、服务社会的责任感和使命感。

◀ 任务 9.1　装配图的内容 ▶

一、装配图的作用

如图 9-1 所示为滑动轴承装配图。装配图是机器设计中设计意图的反映，是机器设计、制造过程中的重要技术依据。装配图的作用有以下几方面。

（1）进行机器或部件设计时，首先要根据设计要求画出装配图，表示机器或部件的结构和工作原理。

（2）生产、检验产品时，是依据装配图将零件装成产品，并按照图样的技术要求检验产品。

（3）使用、维修时，要根据装配图了解产品的结构、性能、传动路线、工作原理等，从而决定操作、保养和维修的方法。

（4）在技术交流时，装配图也是不可缺少的资料。因此，装配图是设计、制造和使用机

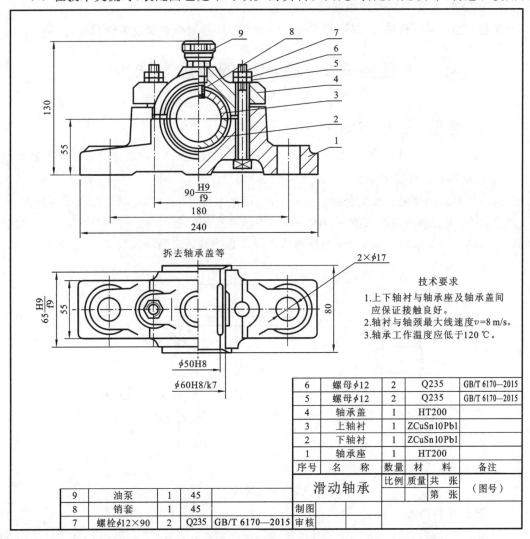

技术要求

1. 上下轴衬与轴承座及轴承盖间应保证接触良好。
2. 轴衬与轴颈最大线速度 $v = 8 \ \text{m/s}$。
3. 轴承工作温度应低于 120 ℃。

6	螺母 $\phi 12$	2	Q235	GB/T 6170—2015
5	螺母 $\phi 12$	2	Q235	GB/T 6170—2015
4	轴承盖	1	HT200	
3	上轴衬	1	ZCuSn10Pb1	
2	下轴衬	1	ZCuSn10Pb1	
1	轴承座	1	HT200	
序号	名　称	数量	材　料	备注

滑动轴承	比例	质量	共　张	（图号）
			第　张	

9	油泵	1	45		
8	销套	1	45		
7	螺栓 $\phi 12 \times 90$	2	Q235	GB/T 6170—2015	

制图
审核

图 9-1　滑动轴承装配图

器或部件的重要技术文件。

二、 装配图的内容

从滑动轴承的装配图中可知装配图应包括以下内容。

1. 一组视图

一组视图用来表达各组成零件的相互位置、装配关系和连接方式,部件(或机器)的工作原理和结构特点等。

2. 必要的尺寸

必要的尺寸包括部件或机器的规格(性能)尺寸、零件之间的配合尺寸、外形尺寸、部件或机器的安装尺寸和其他重要尺寸等。

3. 技术要求

技术要求用来说明部件或机器的性能、装配、安装、检验、调整或运转等,一般用文字写出。

4. 标题栏、零部件序号和明细栏

在装配图中对零件进行编号,并在标题栏上方按编号顺序绘制成零件明细栏。

◀ 任务9.2　装配图的表达方法 ▶

一、 装配图的规定画法

在装配图中,为了便于清晰地表达出各零件之间的装配关系,在画法上有以下规定。

1. 接触面和配合面的画法

两相邻零件的接触面和配合面只画一条线,而基本尺寸不同的非配合面和非接触面,即使间隙很小,也必须画成两条线。如图 9-2(a)中轴和孔的配合面、图 9-2(b)中两个被连接件的接触面均画一条线;图 9-2(b)中螺杆和孔之间是非接触面应画两条线。

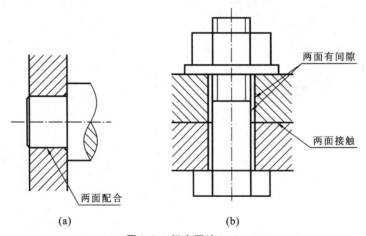

(a)　　　　　　　(b)

图 9-2　规定画法(一)

2. 剖面线的画法

在剖视图和断面图中,同一个零件的剖面线倾斜方向和间隔应保持一致;相邻两零件的剖面线方向应相反,或者方向一致、间隔不同。如图 9-1 中轴承座在主视图中的剖面线画成

同方向、同间隔;而轴承盖与轴承座的剖面线方向相反;如图 9-3 中的填料压盖与阀体的剖面线方向虽然一致,但间隔不同也能以此来区分不同的零件。当装配图中零件的剖面厚度小于 2 mm 时,允许将剖面涂黑代替剖面线。

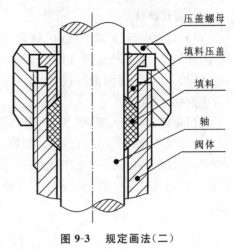

压盖螺母

填料压盖

填料

轴

阀体

3. 实心零件和螺纹紧固件的画法

在剖视图中,当剖切平面通过实心零件(如轴、连杆等)和螺纹紧固件(如螺栓、螺母、垫圈等)的基本轴线时,这些零件按不剖绘制。如图 9-2 中螺栓、螺母及垫圈和图 9-3 中轴的投影均不画剖面线。若其上的孔、槽等结构需要表达时,可采用局部剖视。当剖切平面垂直其轴线剖切时,则应画出剖面线。

图 9-3　规定画法(二)

二、特殊画法

1. 沿零件结合面剖切画法

为了表达出机器(或部件)的内部结构,可采用沿几个零件间结合面剖切的方法,结合面不画剖面线,其他零件按剖视图的要求画出。

2. 假想画法

为了表达机器(或部件)和相邻零件的位置关系,以及机器(或部件)中运动零件的极限位置,可用双点画线把相邻零件或运动零件的极限位置画出。图 9-4(a)所示的是齿轮油泵泵体与机座的连接关系;图 9-4(b)所示是球阀手柄的运动极限位置。

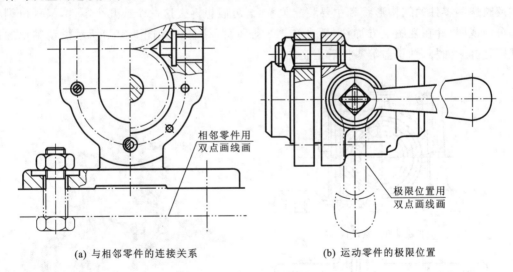

相邻零件用双点画线画

极限位置用双点画线画

(a) 与相邻零件的连接关系　　　　　　　(b) 运动零件的极限位置

图 9-4　假想画法

3. 夸大画法

画装配图时,遇到薄壁件和微小间隙,按实际尺寸无法画出,可采用夸大画法,如图 9-5 中①所示。

4. 简化画法

（1）对螺栓（钉）、双头螺柱、螺母、垫圈等标准件及实心杆件（如轴、手柄、连杆、键、销、球等）作剖切，剖切平面通过其基本轴线时，这些零件均按不剖绘制。要表达这些零件上的内部结构，如轴上的键槽，可将该部分画成局部剖视图。当剖切平面垂直这些零件的轴线时，按剖切绘制。

（2）画装配图时，圆角、倒角、退刀槽等结构允许不画，如图 9-5 中②所示。螺栓、螺母和螺钉等标准件允许采用简化画法，如图 9-5 中③所示。当遇到螺纹紧固件等相同零件组时，在不影响理解的前提下，允许只画一处，其余可用细点画线表示其中心的位置，如图 9-5 中④所示。滚动轴承一般一半采用规定画法，一半采用通用画法，如图 9-5 中⑤所示。

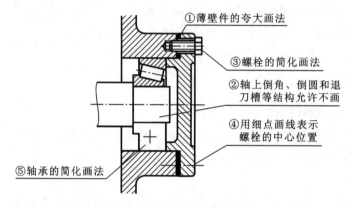

图 9-5　夸大画法和简化画法

（3）拆卸画法。当某一个或几个零件在装配图的某个视图中挡住了大部分的零件，不能反映这些零件的结构形状和主要装配关系时，可假想拆去这一个或几个零件，只画出剩下部分的视图，并在视图上方加注"拆去×—×等零件"字样。如图 9-6（a）所示滑动轴承的俯视图是拆去油杯、轴承盖等零件后绘制的。

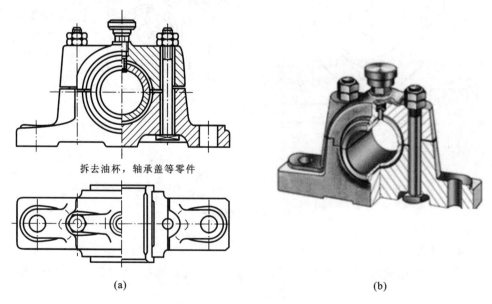

拆去油杯，轴承盖等零件

（a）　　　　　　　　　　　　　　　　　（b）

图 9-6　滑动轴承的拆卸画法

◀ 任务 9.3　装配图的尺寸标注和技术要求 ▶

一、装配图的尺寸标注

装配图的作用与零件图不同,因此,装配图中不必注出零件的全部尺寸。为了进一步说明机器或部件的性能、工作原理、装配关系和安装要求,需要标注必要的尺寸,一般分为以下几类尺寸。

1. 性能和规格尺寸

性能和规格尺寸是指机器或部件工作性能和规格的尺寸。它是在设计时就确定的尺寸,也是设计、了解和选用该机器或部件的依据,如图 9-1 中的轴孔直径 $\phi 50H8$。

2. 装配尺寸

装配尺寸是指机器或部件中表示零件之间装配关系和工作精度的尺寸。它由配合尺寸和相对位置尺寸两部分组成。

1) 配合尺寸

配合尺寸是指机器或部件装配时,零件间有配合要求的尺寸。如图 9-1 中轴承盖与轴承座的配合尺寸 $90H9/f9$;轴承盖和轴承座与上、下轴衬的配合尺寸 $\phi 60H8/k7$、$65H9/f9$。

2) 相对位置尺寸

相对位置尺寸是指机器或部件装配时,需要保证零件间相对位置的尺寸。如图 9-1 中轴承孔轴线到基面的距离 55,两连接螺栓的中心距尺寸 90。

3. 安装尺寸

安装尺寸是指机器或部件安装时所需要的尺寸,如图 9-1 中滑动轴承的安装孔尺寸 $2\times\phi 17$ 及其定位尺寸 180 等。

4. 外形尺寸

外形尺寸是指机器或部件外形的总体尺寸,即总长、总宽和总高。它为机器或部件在包装、运输和安装过程中所占空间提供数据,如图 9-1 中滑动轴承的总体尺寸 240、80 和 130。

5. 其他重要尺寸

其他重要尺寸是在设计中经计算确定的尺寸,而又不包括在上述几类尺寸中。如运动零件的极限尺寸,主体零件的一些重要尺寸等,如图 9-1 中轴承盖和轴承座之间的间隙尺寸和轴承孔轴线到基面的距离 55。

上述几类尺寸之间并不是孤立无关的,实际上有的尺寸往往同时具有多种作用。此外,在一张装配图中,也并不一定需要全部注出上述尺寸,而是要根据具体情况和要求来确定。

二、装配图的技术要求

不同性能的机器或部件,其技术要求也不同。一般可从机器或部件的装配要求、检验要求和使用要求几方面来考虑。

1. 装配要求

装配要求包括对机器或部件装配方法的指导,在装配时对加工、密封等的要求,装配后的性能要求等。

2. 检验要求

检验要求包括机器或部件基本性能的检验方法和条件,装配后保证达到的精度,检验与实验的环境温度、气压,振动实验的方法等。

3. 使用要求

使用要求包括对机器或部件的基本性能的要求,维护和保养的要求及使用操作时的注意事项等。

装配图的技术要求一般用文字写在明细栏上方或图纸下方的空白处。若技术要求过多,可另编技术文件,在装配图上只注出技术文件的文件号。

三、装配图中的零部件序号和明细栏

装配图上所有的零部件都必须编注序号,并在明细栏中填写各个零部件的相关信息,以便统计零部件数量,进行生产的准备工作。同时,在看装配图时,也是根据序号查阅明细栏了解零件的名称、材料和数量等,它有助于看图和图样管理。

1. 零部件编号

(1)零部件序号的三种通用表示方法如图9-7所示。编号由圆点(对很薄的零件或涂黑的剖面可用箭头代替)、指引线(用细实线绘制)、水平线或圆(用细实线绘制,也可不画)和序号组成。序号应注写在水平线上或圆内,序号字高比图中的尺寸数字高度大一号或两号,如图9-7(a)所示。

(2)装配图中所有零、部件都要编号。相同的零部件只编一个号,其数量填在明细栏内,一般只注一次。装配图中零部件的序号应与明细栏中的序号一致。

(3)指引线(细实线)应自所指部分的可见轮廓内引出,指引线彼此不得相交。当指引线通过剖面区域时,不应与剖面线平行,必要时可画成折线但只可弯折一次。

(4)一组紧固件和装配关系清晰的零件组,可采用公共指引线编号,如图9-7(b)所示。

(5)同一装配图中编号的形式应一致。序号应按水平或垂直方向排列整齐,并按顺时针或逆时针方向依次编号,如图9-7(c)所示螺栓连接装配实例。

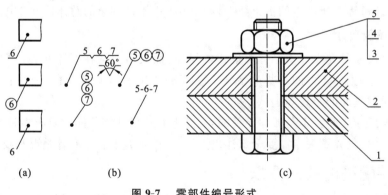

图 9-7 零部件编号形式

(6)标准化组件,如滚动轴承、油杯等可看作一个整体,只编一个序号,如图9-8所示。

2. 标题栏和明细栏

装配图的标题栏与零件图的标题栏类似,如图9-9所示。标题栏和明细栏的格式国家

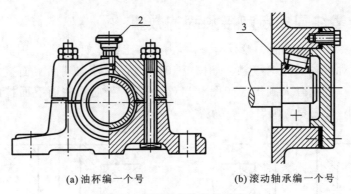

(a) 油杯编一个号   (b) 滚动轴承编一个号

图 9-8 标准化组件的编号形式

标准中虽有统一规定,但一些企业根据产品也自行确定适合本企业的标题栏和明细栏。标题栏在项目 1 中已有图例格式可供参考。

明细栏是说明装配图中各零件的名称、数量、材料等内容的表格。

(1) 明细栏中所填零件序号应和装配图中所编零件的序号一致。明细栏画在标题栏上方,序号在明细栏中应自下而上按顺序填写,以便增加零件。如位置不够,可将明细栏紧接标题栏左侧画出,仍自下而上按顺序填写。

(2) 对于标准件,在名称栏内还应注出规定标记及主要参数,并在代号(或备注)栏中写明所依据的标准代号,如图 9-9 所示。

(3) 在特殊情况下,装配图中也可以不画明细栏,而单独编写在另一张纸上。

(4) 生产图样中的明细栏按 GB/T 10609.2—2009 规定的格式,如图 9-9 所示。

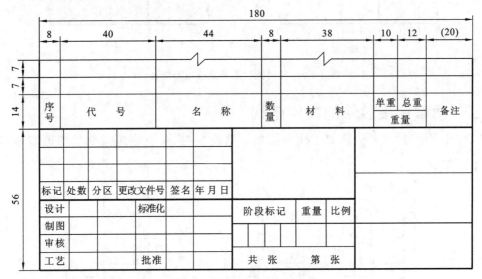

图 9-9 标题栏和明细栏格式

◀ 任务 9.4 装配工艺结构 ▶

在设计和绘制装配图的过程中,应该考虑装配结构的合理性,以保证机器(或部件)的使用性能和装拆的方便。下面介绍一些常用的装配结构画法,及正、误辨析。

一、两个零件同一方向接触面的数量

两个零件同一方向接触面一般只有一对,由于加工误差始终存在,因此,两个零件同一方向不可能有两对接触面同时接触。如图 9-10(a) 所示,轴向端面上面接触,下面就有间隙,即使间隙很小,也应夸大画出。如图 9-11(a) 所示,径向圆柱面下面接触,上面就有间隙,即使间隙很小,也应夸大画出。

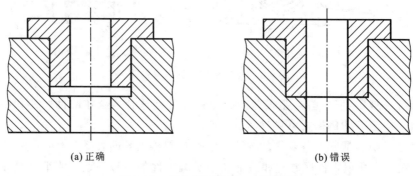

(a) 正确   (b) 错误

图 9-10   轴向端面只能一对面接触

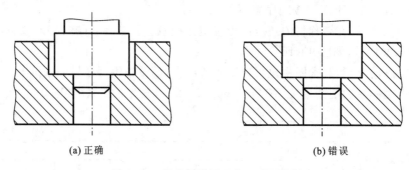

(a) 正确   (b) 错误

图 9-11   径向圆柱面只能一对面接触

二、两零件接触处的拐角结构

轴与孔装配时,为了使轴肩端面与孔端面紧密接触,孔应倒角或轴根切退刀槽,如图 9-12(a) 所示。

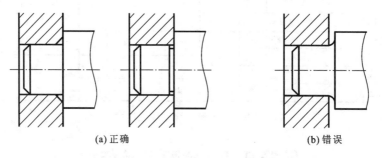

(a) 正确   (b) 错误

图 9-12   两零件接触处的拐角结构

三、装配图中滚动轴承的合理安装

滚动轴承常用轴肩或孔肩轴向定位,设计时应考虑维修、安装、拆卸的方便。为了方便滚动轴承的拆卸,轴肩(轴径方向)应小于轴承内圈的厚度,孔肩(孔径方向)高度应小于轴承外圈的厚度。

如图 9-13(a)所示,圆柱(锥)滚子轴承与座体间的轴向定位靠孔肩和轴承的左端面接触来实现,考虑到拆卸的方便,孔肩高度应小于轴承外圈厚度或孔肩上加工小孔,均可方便轴承外圈从座体中拆卸。

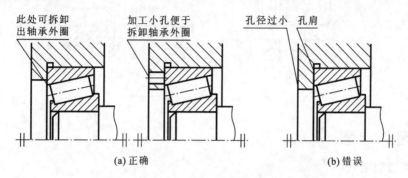

图 9-13　圆柱(锥)滚子轴承与孔肩的合理安装

如图 9-14(a)所示,深沟球轴承左端面与轴肩接触,考虑到拆卸轴承的方便,轴肩高度应小于深沟球轴承内圈厚度。

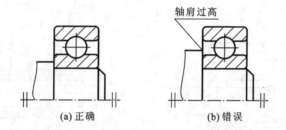

图 9-14　深沟球轴承与轴肩的合理安装

四、螺栓、螺母等的合理装拆

在安排螺栓、螺母连接位置时,应考虑扳手拧紧螺母时的空间活动范围,空间太小,扳手无法使用,如图 9-15(a)所示。

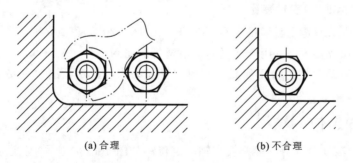

图 9-15　螺母的装拆空间

安装螺钉时,应考虑螺钉装入时所需要的空间,空间太小,螺钉无法装入,如图 9-16(a)所示。

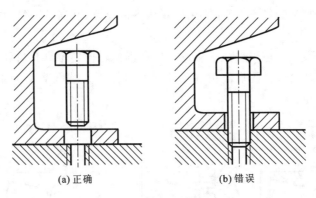

(a) 正确　　　　　　　　　　　(b) 错误

图 9-16　螺钉的装拆空间

五、密封装置

1. 填料密封装置

图 9-17(a)所示的是用压紧螺母拧紧填料的密封装置。通常用石棉绳或橡胶作填料,通过旋紧压紧螺母,由压盖将填料压紧,起到密封作用。也可如图 9-17(b)所示,通过拧紧螺母和双头螺柱,由压盖将填料压紧,起到密封作用。

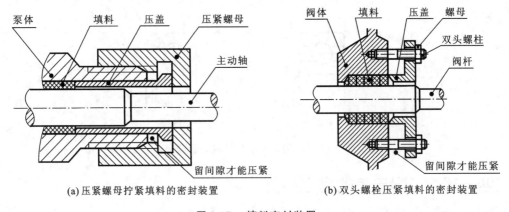

(a) 压紧螺母拧紧填料的密封装置　　　　　　　　(b) 双头螺栓压紧填料的密封装置

图 9-17　填料密封装置

2. 密封圈(标准件)密封装置

图 9-18(a)所示的是用唇形密封圈(GB/T 4459.8—2009)密封的特征画法和规定画法。主要用于旋转轴的密封,也可用于往复运动活塞杆的密封。

图 9-18(b)所示的是用 O 形密封圈密封的特征画法和规定画法。主要用于液压缸和活塞杆的密封。

六、轴向定位的结构

装在轴上的滚动轴承等一般都要有轴向定位。如图 9-19(a)所示,左边轴承内圈采用螺栓紧固轴端挡圈(GB 892—1986)进行轴向定位,右边是轴端挡圈的视图。如图 9-19(b)所示,左边轴承内圈采用弹性挡圈(GB/T 894—2017)进行轴向定位,右边是弹性挡圈的特征视图。

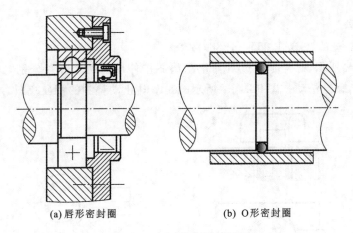

(a) 唇形密封圈　　　　　　　　(b) O形密封圈

图 9-18　密封圈密封装置

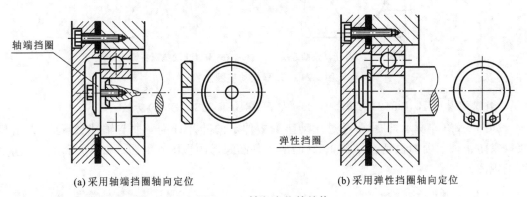

轴端挡圈

弹性挡圈

(a) 采用轴端挡圈轴向定位　　　　　　(b) 采用弹性挡圈轴向定位

图 9-19　轴向定位的结构

七、螺纹连接防松装置

1. 摩擦力防松

如图 9-20(a)所示,通过拧紧螺母压紧弹簧垫圈(GB/T 893—2017)增加接触表面摩擦力来防松。如图 9-20(b)所示,通过拧紧双螺母增加接触表面摩擦力来防松。

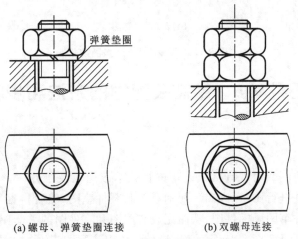

弹簧垫圈

(a) 螺母、弹簧垫圈连接　　　　　　(b) 双螺母连接

图 9-20　摩擦力防松

2. 机械防松

1）双耳止动垫圈（GB/T 855—1988）防松

如图9-21（a）所示，螺栓是通过双耳止动垫圈中伸出的两个叶片分别弯曲与连接件、螺栓相接触来防止螺栓松动。图9-21（b）所示的是双耳止动垫圈的特征视图。

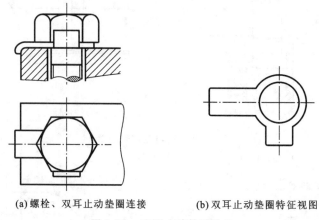

(a)螺栓、双耳止动垫圈连接　　(b)双耳止动垫圈特征视图

图9-21　双耳止动垫圈防松

2）圆螺母（GB/T 812—1988）和止动垫圈（GB/T 858—1988）防松

如图9-22（a）所示，轴承是通过止动垫圈中伸出的叶片分别弯曲与轴、圆螺母上方槽相接触来防止轴承内圈松动。如图9-22（b）所示是圆螺母的视图。如图9-22（c）所示是止动垫圈的视图。

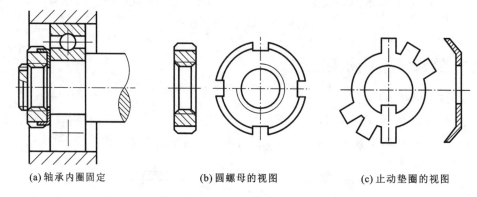

(a)轴承内圈固定　　　(b)圆螺母的视图　　　(c)止动垫圈的视图

图9-22　圆螺母、止动垫圈防松

◀ 任务9.5　绘制装配图的方法和步骤 ▶

一、装配体测绘

对新产品进行仿制或对现有机械设备进行技术改造以及维修时，往往需要对其进行测绘。即通过拆卸零件进行测量，画出装配示意图和零件草图；然后根据零件草图，画装配图；再依据装配图和零件草图画零件图，从而完成装配图和零件图的整套图样，这个过程称为装配体测绘。下面以项目8图8-45所示球阀为例，介绍装配体测绘的方法和步骤。

1. 了解测绘对象

通过观察实物、阅读有关技术资料和类似产品图样,了解其用途、性能、工作原理、结构特点以及装拆顺序等情况。在收集资料过程中,尤其要重视生产工人和技术人员对该装配体的使用情况和改进意见,为测绘工作顺利进行做好充分地准备。在初步了解装配体功能的基础上,通过对零件作用和结构的仔细分析,进一步了解零件间的装配、连接关系。

如图 8-45 所示,球阀的阀芯是球形的,是用来启闭和调节流量的部件。图示位置阀门全部开启,当扳手按顺时针方向旋转 90°时,阀门全部关闭。

该装配体的关键零件是阀芯,下面从运动关系、密封关系、包容关系等方面进行分析。

运动关系:扳手→阀杆→阀芯。

密封关系:两个密封圈为第一道防线,调整垫既保证阀体与阀盖之间的密封,又保证阀芯转动灵活;第二道防线为填料,以防止从转动零件阀杆处的间隙泄露流体。

包容关系:阀体和阀盖是球阀的主体零件,它们之间用四组双头螺柱连接。阀芯通过两个密封圈定位于阀中,通过填料压紧套与阀体的螺纹,将材料为聚四氟乙烯的填料固定于阀体中。

阀体左端通过螺柱、螺母与阀盖连接,形成球阀容纳阀芯的空腔。阀体左端的圆柱槽与阀盖的圆柱凸缘相配合。阀体空腔右侧圆柱槽,用来放置密封圈,以保证球阀关闭时不泄露流体。阀体右端有用于连接系统中管道的外螺纹,内部阶梯孔与空腔相通。在阀体上部的圆柱体中,有阶梯孔与空腔相通,在阶梯孔内装有阀杆、填料压紧套等。阶梯孔顶端 90°扇形限位凸块,用来控制扳手和阀杆的旋转角度。

2. 拆卸零件,画装配示意图

在拆卸前,应准备好有关的拆卸工具,以及放置零件的用具和场地,然后根据装配体的特点,制订周密的拆卸计划,按照一定的顺序拆卸零件。在拆卸过程中,应对每一个零件应进行编号、登记并贴上标签。对拆下的零件要分区分组放在适当地方,避免碰伤、变形,以免混乱和丢失,从而保证再次装配时能顺利进行。

拆卸零件时应注意:在拆卸之前应测量一些必要的原始尺寸,比如某些零件之间的相对位置等。拆卸过程中,严禁胡乱敲打,避免损坏原有零件。对于不可拆卸连接的零件、有较高精度的配合或过盈配合,应尽量少拆或不拆,避免降低原有配合精度或损坏零件。

如图 8-45 所示球阀的拆卸顺序可以这样进行。

(1) 取下扳手 13。

(2) 拧出填料压紧套 11,取出阀杆 12,带出中填料 9 和填料垫 8。

(3) 用扳手分别拧下四组螺柱连接的螺母 7,取出阀盖 2、调整垫 5。

(4) 从阀体中取出阀芯 4,拆卸完毕。

装配示意图是通过目测,徒手用简单的图线画出装配体各零件的大致轮廓,以表示其装配位置、装配关系和工作原理等情况的简图。

画示意图时,可将零件看成是透明体,其表示可不受前后层次的限制,并尽量把所有零件集中在一个图上表示出来。画机构传动部分的示意图时,应按照国家标准《机械制图 机构运动简图用图形符号》(GB/T 4460—2013)的规定绘制。对一般零件可按其外形和结构特点形象地画出零件的大致轮廓。

画装配示意图应在对装配体全面了解、分析之后画出,并在拆卸过程中进一步了解装配体内部结构和各零件之间的关系,进行修正、补充,以备将来正确地画出装配图和重新装配装配体之用。球阀的装配示意图如图 9-23 所示。

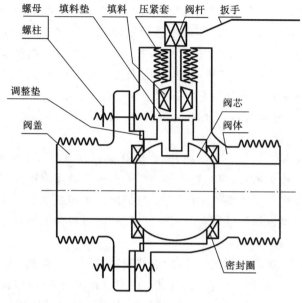

图 9-23　球阀的装配示意图

3. 画零件草图

把拆下的零件逐个地徒手画出其零件草图。对于一些标准零件,如螺栓、螺钉、螺母、垫圈、键、销等可以不画,但应测量其主要规格尺寸,以确定它们的规定标记,其他数据可通过查阅有关标准获取。所有非标准件都必须画出零件草图,并要准确、完整地标注测量尺寸。

零件草图的画法前面已做过介绍,在装配体测绘中,画零件草图还应注意以下三点。

(1) 绘制零件草图,除了图线是用徒手完成的外,其他方面的要求均和画正式的零件工作图一样。

(2) 零件草图可以按照装配关系或拆卸顺序依次画出,以便随时校对和协调各零件之间的相关尺寸。

(3) 零件间有配合、连接和定位等关系的尺寸要协调一致,并在相关零件草图上一并标出。

球阀的部分零件草图如图 9-24 所示。

二、画装配图的方法和步骤

在画装配图之前,必须对该装配体的功用、工作原理、结构特点,以及装配体中各零件的装配关系等有一个全面的了解和认识。装配体是由若干零件组成,根据装配体所属的零件图,就可以画出装配体的装配图。现以图 9-25 所示球阀装配图为例,介绍画装配图的方法和步骤。

1. 拟订表达方案

表达方案包括选择主视图、确定其他视图。拟订表达方案能较好地反映装配体的装配关系、工作原理和主要零件的结构形状等。

对装配图视图的要求如下。

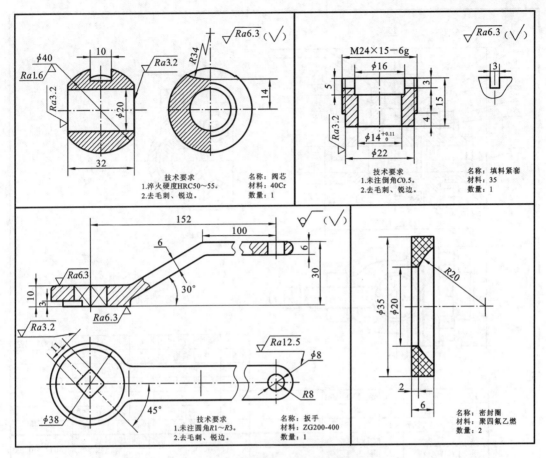

图 9-24　球阀的部分零件草图

（1）投影关系正确,图样画法和标注方法符合国家标准规定。

（2）装配体中各零件的装配关系表达清楚,主要零件的主要结构形状要表达清楚,但不要求把每个零件的形状结构都表达得完全确定。

（3）图形清晰,便于阅读者读图。

（4）便于绘制和尺寸标注。

1）主视图的选择

一般按装配体的工作位置放置,并使主视图能够较多地表达装配体的工作原理、零件间主要装配关系及主要零件的结构形状特征。

一般在装配体中,将装配关系密切的一些零件称为装配干线。

球阀的主视图选择是这样考虑的。

（1）工作位置:球阀一般水平放置,即将其流体通道的轴线水平放置,并将阀芯转至完全开启状态。

（2）主视图的投射方向:将阀盖放在左边,使左视图能清楚地反映其端面形状。

（3）沿球阀的前后对称面剖切,选取全剖视图,可将其工作原理、装配关系、零件间的相互位置表示清楚。

2）其他视图的选择

主视图选定之后,一般只能把装配体的工作原理、主要装配关系和主要结构特征表示出

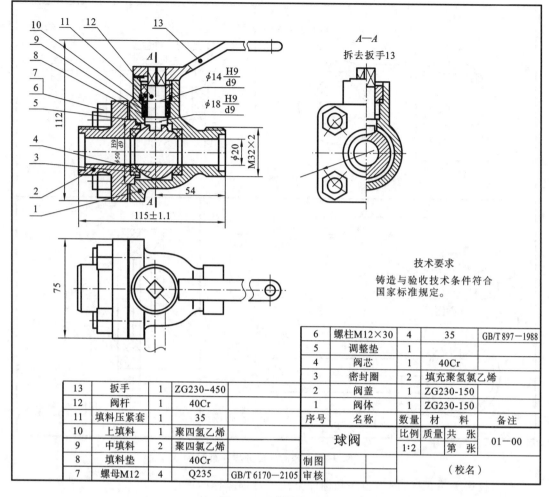

技术要求

铸造与验收技术条件符合
国家标准规定。

6	螺柱M12×30	4	35	GB/T 897—1988
5	调整垫	1		
4	阀芯	1	40Cr	
3	密封圈	2	填充氢氯乙烯	
2	阀盖	1	ZG230-150	
1	阀体	1	ZG230-150	

13	扳手	1	ZG230-450				
12	阀杆	1	40Cr				
11	填料压紧套	1	35	序号	名称	数量	材 料	备注
10	上填料	1	聚四氢乙烯				
9	中填料	2	聚四氢乙烯	球阀		比例 质量 共 张	01—00
8	填料垫		40Cr			1:2 第 张	
7	螺母M12	4	Q235	GB/T 6170—2105	制图 审核	（校名）	

图 9-25　球阀装配图

来,但是,只靠一个视图是不能把所有的情况全部表达清楚的。因此,就需要有其他视图作为补充,并应考虑以何种表达方法最能做到易读易画。对主视图未能表示清楚的内容,选用其他视图、剖视图等表示。所选视图要重点突出,相互配合,避免遗漏和不必要的重复。

球阀的主视图虽反映出了工作原理、装配关系、零件间的相互位置,但球阀的外形结构、主要零件的结构形状,以及双头螺柱的连接部位和数量等尚未表示清楚,所以选取全剖视的左视图来表示。

选取俯视图,主要表达扳手的开关位置,同时表达球阀的外形和扳手的形状。

3）检查、修改、调整、补充

检查是否表示完全,必要时,进行调整、补充。

2. 画装配图的步骤

确定了装配体的视图表达方案后,根据视图表达方案以及装配体大小及复杂程度,选取适当的比例,安排各视图的位置,从而选定图幅,便可着手画图。在安排各视图的位置时,要注意留有编写零件序号、明细栏,以及注写尺寸和技术要求的位置。

画图时,应先从装配干线入手,画出各视图的主要轴线、对称中心线和某些零件的基面和端面等作图基准线。由主视图开始,几个视图配合进行。画剖视图时按照装配干线,由内向外逐个画出各个零件,即从装配体的核心零件开始,"由内向外",按装配关系逐层扩展画出各零件,最后画壳体、箱体等支撑、包容零件。也可由外向里画,即先将起支撑、包容作用的壳体、箱体零件画出,再按装配关系逐层向内画出各零件。

下面以球阀为例简要说明其画图过程。

(1) 根据所确定的视图数目、图形的大小和采用的比例,选定图幅;并在图纸上进行布局。在布局时,应留出标注尺寸、编注零件序号、书写技术要求、画标题栏和明细栏的位置。

(2) 画出图框、标题栏和明细栏。

(3) 画出各视图的主要中心线、轴线、对称线及基准线等,如图 9-26(a)所示。

(4) 画出各视图主要部分的底稿。通常可以先从主视图开始。根据各视图所表达的主要内容不同,可采取不同的方法着手。如果是画剖视图,则应从内向外画。这样被遮住的零件的轮廓线就可以不画。如果画的是外形视图,一般则是从大的或主要的零件着手,如图 9-26(b)、(c)、(d)所示。

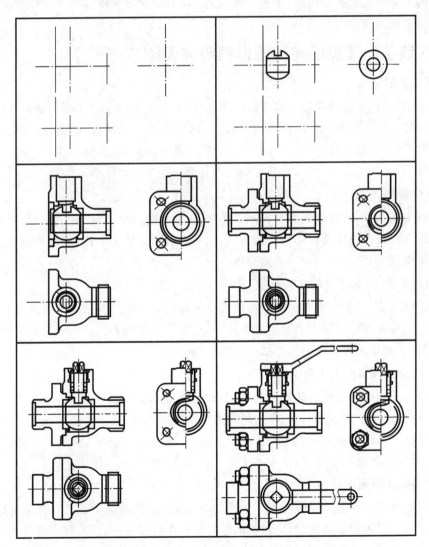

图 9-26　画装配图的步骤

（5）画次要零件、小零件及各部分的细节，如图9-26（e）、（f）所示。

（6）加深并画剖面线。在画剖面线时，主要的剖视图可以先画。最好画完一个零件所有的剖面线，然后再开始画另外一个，以免剖面线方向的错误。

（7）注出必要的尺寸。

（8）编注零件序号，并填写明细栏和标题栏。

（9）填写技术要求等。

（10）仔细检查全图并签名，完成全图，如图9-25所示。

◀ 任务9.6　读装配图和拆画零件图 ▶

读装配图的目的是：了解部件的作用和工作原理，了解各零件间的装配关系、拆装顺序及各零件的主要结构形状和作用，了解主要尺寸、技术要求和操作方法。在设计时，还要根据装配图画出该部件的零件图。

一、读装配图及由装配图拆画零件图的方法和步骤

1. 概括了解

读装配图时，首先由标题栏了解机器或该部件的名称；由明细栏了解组成机器或部件中各零件的名称、数量、材料及标准件的规格，估计部件的复杂程度；由画图的比例、视图大小和外形尺寸，了解机器或部件的大小；由产品说明书和有关资料，并联系生产实践知识，了解机器或部件的性能、功用等，从而对装配图的内容有一个概括的了解。

2. 分析视图

首先找主视图，再根据投影关系识别其他视图的名称，找出剖视图、断面图所对应的剖切位置。根据向视图或局部视图的投射方向，识别出表达方法的名称，从而明确各视图表达的意图和侧重点，为下一步深入看图做准备。

3. 分析零件，读懂零件的结构形状

分析零件，就是弄清每个零件的结构形状及其作用。一般应先从主要零件入手，然后是其他零件。当零件在装配图中表达不完整时，可对有关的其他零件仔细观察和分析，然后再作结构分析，从而确定该零件的内外结构形状。

4. 分析装配关系和工作原理

对照视图仔细研究部件的装配关系和工作原理，是深入看图的重要环节。在概括了解装配图的基础上，从反映装配关系、工作原理明显的视图入手，找到主要装配干线，分析各零件的运动情况和装配关系；再找到其他装配干线，继续分析工作原理、装配关系、零件的连接、定位以及配合的松紧程度等。

5. 由装配图拆画零件图

由装配图拆画零件图是设计过程中的重要环节，也是检验看装配图和画零件图的能力的一种常用方法。拆画零件图前，应对所拆零件的作用进行分析，然后把该零件从与其组装的其他零件中分离出来。分离零件的基本方法是：首先在装配图上找到该零件的序号和指引线，顺着指引线找到该零件；再利用投影关系、剖面线的方向找到该零件在装配图中的轮

廓范围。经过分析,补全所拆画零件的轮廓线。有时,还需要根据零件的表达要求,重新选择主视图和其他视图。选定或画出视图后,采用抄注、查取、计算的方法标注零件图上的尺寸,并根据零件的功用注写技术要求,最后填写标题栏。

二、读装配图及由装配图拆画零件图举例

读齿轮油泵的装配图,如图 9-27 所示,并拆画右端盖 8 的零件图。

1. 概括了解

齿轮油泵是机器中用来输送润滑油的一个部件。对照零件序号和明细栏可知:齿轮油泵由泵体、左右端盖、运动零件(传动齿轮、齿轮轴等)、密封零件和标准件等 17 种零件装配而成,属于中等复杂程度的部件。三个方向的外形尺寸分别是 118 mm、85 mm、93 mm,体积不大。

2. 分析视图

齿轮油泵采用两个基本视图表达。主视图采用全剖视图,反映了组成齿轮油泵的各个零件间的装配关系。左视图采用了沿垫片 6 与泵体 7 结合面处的剖切画法,产生了"$B—B$"半剖视图,又在吸、压油口处画出了局部剖视图,清楚地表达了齿轮油泵的外形和齿轮的啮合情况。

3. 分析零件,读懂零件的结构形状

从装配图看出,泵体 7 的外形形状为长圆,中间加工成 8 字形通孔,用以安装齿轮轴 2 和传动齿轮轴 3;四周加工有两个定位销孔和六个螺孔,用以定位和旋入螺钉 1 并将左端盖 4 和右端盖 8 连接在一起;前后铸造出凸台并加工成螺孔,用以连接吸油和压油管道;下方有支承脚架与长圆连接成整体,并在支承脚架上加工有通孔,用以穿入螺栓将齿轮油泵与机器连接在一起。左端盖 4 的外形形状为长圆,四周加工有两个定位销孔和六个阶梯孔,用以定位和装入螺钉 1 将左端盖 4 与泵体连接在一起;在长圆结构左侧铸造出长圆凸台,以保证加工支承齿轮轴 2、传动齿轮轴 3 的孔的几个深度;右端盖 8 的右上方铸造出圆柱形结构,外表面加工螺纹,用以零件压紧螺母,内部加工成通孔以保证齿轮传动轴伸出,其他结构与左端盖 4 相似。其他零件的结构形状请读者自行分析。

4. 分析装配关系和工作原理

泵体 7 是齿轮油泵中的主要零件之一,它的空腔中容纳了一对吸油和压油的齿轮。将齿轮轴 2、传动齿轮轴 3 装入泵体后,两侧有左端盖 4、右端盖 8 支承这一对齿轮轴的旋转运动。由销 5 将左、右端盖定位后,再用螺钉 1 将左、右端盖与泵体连接,为了防止泵体与端盖的结合面处和传动齿轮轴 3 伸出端漏油,分别用垫片 6 和密封圈 9、衬套 10、压紧螺母 11 密封。

齿轮轴 2、传动齿轮轴 3、传动齿轮 12 等是齿轮油泵中的运动零件。当传动齿轮 12 按逆时针方向(从左视图观察)转动时,通过键 15 将扭矩传递给传动齿轮轴 3,结构齿轮啮合带动齿轮轴 2,使齿轮轴 2 按顺时针方向转动。齿轮油泵的主要功用是通过吸油、压油,为机器提供润滑油。当一对齿轮在泵体中作啮合传动时啮合区内右边空间的压力降低,产生局部真空,油池内的油在大气压力作用下进入油泵低压区的吸油口。随着齿轮的转动,齿槽中的油不断沿箭头方向被带到左边的压油口把油压出,送到机器需要润滑的部位。

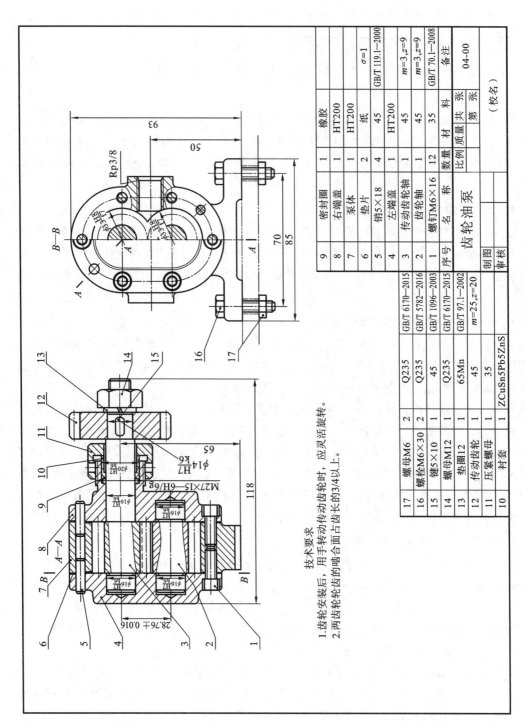

技术要求
1. 齿轮安装后，用手转动传动齿轮时，应灵活旋转。
2. 两齿轮轮齿的啮合面占齿长的3/4以上。

序号	名称	数量	材料	备注
9	密封圈	1	橡胶	$\sigma=1$
8	右端盖	1	HT200	
7	泵体	1	HT200	
6	垫片	2	纸	GB/T 119.1-2000
5	销5×18	4	45	
4	左端盖	1	HT200	
3	传动齿轮轴	1	45	$m=3, z=9$
2	齿轮轴	1	45	$m=3, z=9$
1	螺钉TM6×16	12	35	GB/T 70.1-2008

17	螺母M6	2		GB/T 6170-2015
16	螺栓M6×30	2	Q235	GB/T 5782-2016
15	键5×10	1	45	GB/T 1096-2003
14	螺母M12	1	Q235	GB/T 6170-2015
13	传动齿轮	1	65Mn	GB/T 97.1-2002
12	垫圈12	1	45	
11	压紧螺母	1	35	$m=25, z=20$
10	衬套	1	ZCuSn5Pb5ZnS	

齿轮油泵

制图 _____ 比例 _____ 质量 _____ 共 ____ 张

审核 _____ _____ _____ 第 ____ 张

（校名）

图9-27 齿轮油泵的装配图

5. 齿轮油泵装配图中的配合和尺寸分析

根据零件在部件中的作用和要求,应注出相应的公差带代号。由于传动齿轮 12 要通过键 15 传递扭矩并带动传动齿轮轴 3 转动,因此需要定出相应的配合。在图中可以看到,它们之间的配合尺寸是 $\phi14H7/k6$;齿轮轴 2 和传动齿轮轴 3 与左、右端盖的配合尺寸是 $\phi16H7/h6$;衬套 10 右端盖 8 的孔配合尺寸是 $\phi20H7/h6$;齿轮轴 2 和传动齿轮轴 3 的齿顶圆与泵体 7 内腔的配合尺寸是 $\phi33H8/f7$。各处配合的基准制、配合类别请读者自行判断。

尺寸 27 ± 0.016 是齿轮轴 2 和传动齿轮轴 3 的中心距,准确与否将直接影响齿轮的啮合传动。尺寸 65 是传动齿轮轴线离泵体安装面的高度尺寸。这两个尺寸分别是设计和安装所要求的尺寸。吸、压油口的尺寸 $R_P3/8$ 表示尺寸代号为 3/8 的 55°密封圆柱内螺纹。两个螺栓之间的尺寸 70 表示齿轮油泵与机器连接时的安装尺寸。

6. 由装配图拆画右端盖的零件图

现以拆画右端盖 8 的零件图为例进行分析。拆画零件图时,先在装配图上找到右端盖 8 的序号和指引线,再顺着指引线找到右端盖 8,并利用"高平齐"的投影关系找到该零件在左视图上的投影关系,确定零件在装配图中的轮廓范围和基本形状。在装配图的主视图上,由于右端盖 8 的一部分轮廓线被其他零件遮挡,因此分离出来的是一幅不完整的图形,如图 9-28(a)所示。经过想象和分析,可补画出被遮挡的可见轮廓线,如图 9-28(b)所示。从装配图的主视图中拆画出的右端盖 8 的图形,反映了右端盖 8 的工作位置,并表达了各部分的主要结构形状,仍可作为零件图的主视图。因为右端盖 8 属于轮盘类零件,一般需要用两个视图表达内外结构形状。因此,当右端盖 8 的主视图确定后,还需要用右视图辅助完成主视图尚未表达清楚的外形、定位销孔和六个阶梯孔的位置等。

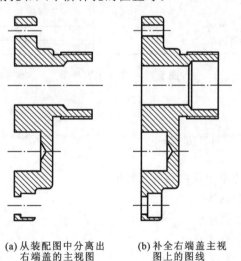

(a) 从装配图中分离出右端盖的主视图　　(b) 补全右端盖主视图上的图线

图 9-28　由齿轮油泵装配图拆画右端盖零件图的思考过程

图 9-29 是画出表达外形的右视图后的右端盖 8 零件图。在图中按零件图的要求标注出尺寸和技术要求,有关的尺寸公差和螺纹的标记是根据装配图中已有的要求标注的,内六角圆柱头螺钉孔的尺寸可在有关标准中查找,最后填写标题栏。

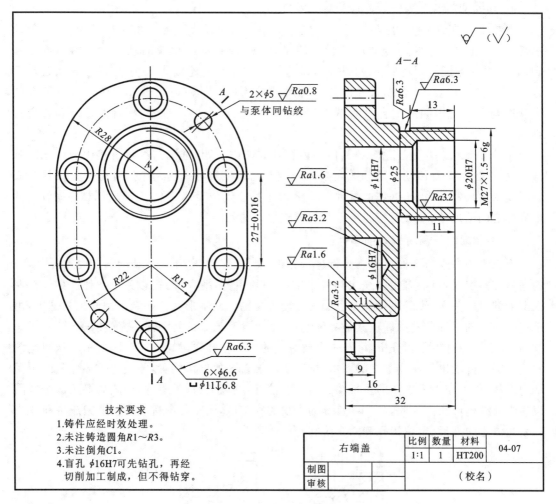

技术要求
1. 铸件应经时效处理。
2. 未注铸造圆角R1～R3。
3. 未注倒角C1。
4. 盲孔 $\phi16H7$ 可先钻孔，再经
切削加工制成，但不得钻穿。

右端盖	比例	数量	材料	04-07
	1:1	1	HT200	
制图				（校名）
审核				

图 9-29　右端盖零件图

拓展与练习

一、简答题

1. 零件图和装配图的作用及内容有何异同？

2. 装配图有哪些规定画法？

3. 装配图有哪些特殊画法？

4. 装配图中应标注哪几类尺寸？

二、综合题

1. 识读钻模的装配图，并完成习题。

（1）该钻模由_____种共_____个零件组成。

（2）主视图采用了_____剖，剖切平面与俯视图中的_____重合，故省略了标注；左视图采用了_____剖。

（3）件 1 的侧面有_____个弧形槽，与被钻孔工件定位的尺寸为_____。

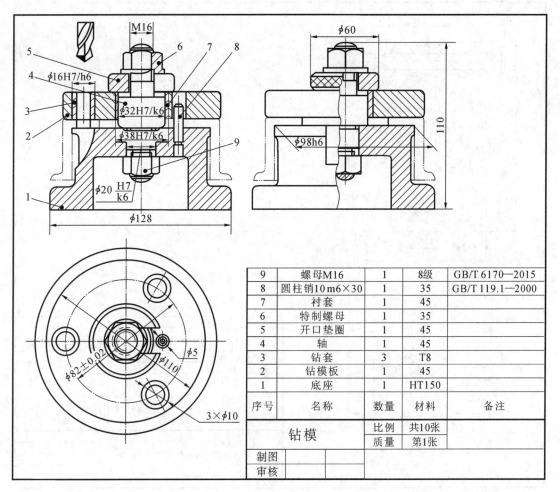

9	螺母M16	1	8级	GB/T 6170—2015
8	圆柱销10 m6×30	1	35	GB/T 119.1—2000
7	衬套	1	45	
6	特制螺母	1	35	
5	开口垫圈	1	45	
4	轴	1	45	
3	钻套	3	T8	
2	钻模板	1	45	
1	底座	1	HT150	
序号	名称	数量	材料	备注

钻模	比例		共10张
	质量		第1张
制图			
审核			

图 9-30

(4) 件 2 上有_____个 φ16H7/h6 孔,件 3 的主要作用是_____。图中细双点画线表示_____,是_____画法。

(5) φ32H7/k6 是件_____和件_____的配合尺寸,属于_____制配合,H7 表示_____的公差带代号,k 表示件_____的代号,7 和 6 代表_____。

(6) 三个孔钻完后,先松开_____,再取出_____,工件便可以拆下。

(7) 与件 1 相邻的零件有_____(只写出件号)。

(8) 钻模的外形尺寸为:长_____、宽_____、高_____。

(9) 拆画件 4 的零件图。

2. 读拆卸器的装配图,并完成习题。

(1) 该拆卸器由_____种共_____个零件组成。

(2) 主视图采用了_____剖和_____剖,剖切平面与俯视图中的_____重合,故省略了标注;俯视图采用了_____剖。

(3) 图中细双点画线表示_____,是_____画法。

(4) 图中件 2 是_____画法。

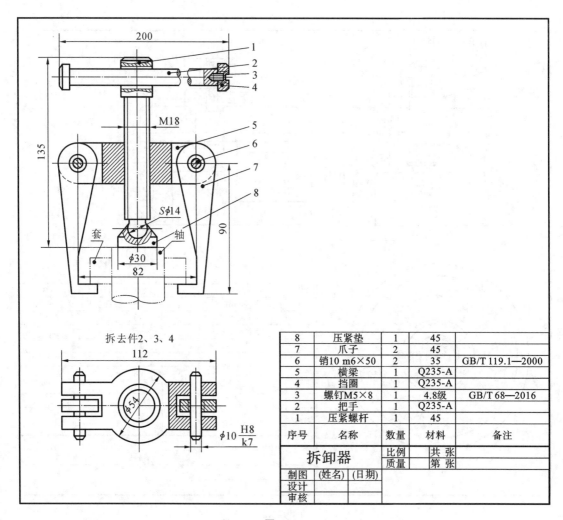

拆去件2、3、4

8	压紧垫	1	45	
7	爪子	2	45	
6	销10 m6×50	2	35	GB/T 119.1—2000
5	横梁	1	Q235-A	
4	挡圈	1	Q235-A	
3	螺钉M5×8	1	4.8级	GB/T 68—2016
2	把手	1	Q235-A	
1	压紧螺杆	1	45	
序号	名称	数量	材料	备注

拆卸器	比例	共 张	
	质量	第 张	
制图	(姓名) (日期)		
设计			
审核			

图 9-31

(5)图中有_____个 10 m6×50 的销,其中 10 表示_____,50 表示_____。

(6)Sϕ14 表示_____形的结构。

(7)件 4 的作用是_____。

(8)拆画件 1 和件 5 的零件图。

制图辅助手册

扫下方二维码可查看。

[1] 大连理工大学工程教研室.画法几何学[M].6 版.北京:高等教育出版社,2003.

[2] 刘潭玉.工程制图[M].长沙:湖南大学出版社,2006.

[3] 潘陆桃.现代工程图学(下)[M].合肥:中国科学技术大学出版社,2008.

[4] 叶玉驹,焦永和,张彤.机械制图手册[M].4 版.北京:机械工业出版社,2008.

[5] 赵大兴,高成慧,谭跃进.现代工程图学教程[M].6 版.武汉:湖北科学技术出版社,2009.

[6] 武华.工程制图[M].2 版.北京:机械工业出版社,2010.

[7] 郭纪林,顾吉仁,周华军.工程图学[M].北京:北京理工大学出版社,2011.

[8] 刘永田,金乐.机械制图基础[M].北京:北京航空航天大学出版社,2011.

[9] 成凤文,张明莉.机械制图[M].2 版.北京:中国标准出版社,2011.

[10] 王君明,戴华.机械制图与 AutoCAD 2010[M].武汉:华中科技大学出版社,2012.